AF570094

Christiane Gerges

Kontemplativa verk, volym 1

Frågan om en tidsenlig mysteriekult

Förlag: BoD – Books on Demand, Stockholm, Sverige
Tryck: BoD – Books on Demand, Norderstedt, Tyskland

ISBN: 978-91-8057-687-1

Originalets titel:

Die Frage nach einem zeitgemäßen Mysterien-Kultus. Kontemplative Werke, Band 1

© 2020 Christiane Gerges, Strandtreppe 13, DE-22587 Hamburg

Översättning

Jürgen Vater

Kersti Strömblad

Biografiskt i samband med denna bok – ett slags förord

Redan som ung, vid 19 års ålder, ledde mig min väg direkt in i Rudolf Steiners Misraimritual. Situationen där verkade kaotisk, på grund av krigen fanns det knappt några ritualer. Endast Arcana Arcanorum, ett slags ockult undervisning, hade förts vidare från person till person från Rudolf Steiners mun. När jag var 24 år gammal hade jag det ovanliga ödet att i ett slags nödsituation få ta emot alla grader i den traditionella Memphis-Misraim-riten som inte hade omarbetats av Rudolf Steiner. Men utifrån denna översikt, med en ungdomlig drivkraft, blev jag övertygad om att hitta eller skapa en ritual som skulle kunna utgöra en hälsosam mänsklig struktur i enlighet med Kristus utifrån Rudolf Steiners plan. Jag studerade egyptologi för att även från den historiska sidan kunna utrusta mig med alla de lagbundenheter som utgör en kult.

Men mer och mer insåg jag att det faktum att vissa av Rudolf Steiners ritualer inte längre kunde hittas inte bara hade olyckliga aspekter. Alla onda avsikter kan vändas till det goda, och därför blev det tydligt för mig hur detta går hand i hand med nödvändigheten att utifrån sitt jag utveckla en individuell förmåga till en kult. Allt starkare och ljusare ljöd i mitt inre de ord som vidarebefordrats av Friederike Westphal som hade upplevt Misraim-tjänsten tillsammans med Rudolf Steiner och själv varit bärare av Arcana Arcanorum: ”Rudolf Steiner talade alltid fritt. Och varje gång på olika sätt, beroende på situationen. Det var bara vi som fick papper.” Tidigare hade det här uttalandet gjort mig orolig. Det berövade mig hoppet om att någonsin upptäcka ”Rudolf Steiners högsta och mest effektiva mantran och ord” som jag verkligen längtade efter. Denna sanning gjorde mig ensam och dessutom tappade jag hoppet när det gällde att få ett grepp i det yttre. Men förutom det faktum att Marie Steiner lät bränna allt förklarar det också varför det knappt finns några anteckningar att hitta, trots att det fanns cirka 600 medlemmar på Rudolf Steiners tid. Senare publicerades några rituella delar inom verksutgåvan GA265

Kaoset var perfekt, för nu föreföll något ha slagits fast som i själva verket var delar av Rudolf och Marie Steiners anteckningsböcker från olika städer och tider, sammanställda av en redaktör som inte var insatt i ritualen. Den som ville arbeta fritt i Rudolf Steiners levande anda fick nu en rituell komposition av redaktören som presenterades med GA:s auktoritet som Rudolf

Steiners. Eftersom anteckningarna inte hade några rubriker utgör sammanställningen och rubrikval en ren tolkning av redaktören. Till exempel flyttas bitar från femte graden in i stängningen av första graden. Det framgår inte heller tydligt att det rör sig om enskilda delar. Däremellan finns det en hel del nödvändiga åtgärder som inte antecknats. Det finns en hel del antroposofer som därmed tror sig ha en fullständig ritual.

Så jag kom till slut fram till att den tid var förbi då färdiga ritualer bara utfördes utan omdöme. Varje person som är intresserad av mysteriekulten bör kunna förvärva förmågan att inte bara höra den inre rytmen i en ritual, utan också att forma ritualer i sinnesnärvaro, att utveckla en *kultförmåga* – det tycks mig vara det rätta ordet. Det är denna förmåga jag försöker förmedla genom föreläsningar, seminarier och övningar i perception. Det handlar om något som man kan lära sig: att ansvarsfullt och medvetet agera kultiskt samtidigt som man är medveten om sitt jag. På det viset behöver man inte förlita sig på att läsa högt eller recitera texter som man har lärt sig utantill för att man är rädd att avvika från den rätta vägen.

När texter läses gör man det så att de samtidigt grips utifrån det egna jaget och de nedskrivna orden väljs för att de varje gång visar sig vara de mest passande och levande.

I dag finns det alltså skriftliga texter även inom Misraim-Mikael-tjänsten[1]. Men vi strävar efter att forma dem inifrån genom imagination, inspiration och intuition. Vi håller på att utveckla, utbilda och öva ...

Under de senaste åren har jag fått många frågor om rituellt arbete, särskilt från personer som är verksamma inom Fria Högskolan för Antroposofi och funderar på en vidareutveckling i riktning mot en andra klass. Jag övervägde om det skulle vara bra att öppna Misraim-Mikael-logen för engångsbesök av människor som vill lära känna oss. Men det mötte berättigat motstånd från gemenskapen inom logen.

Logen är utformad på ett annat sätt än en esoterisk skola. Enligt min åsikt handlar esoterisk utbildning om att sensibilisera och utbilda väsensleden och de andliga organen för att lära sig kommunicera med andliga väsen. Arbetet i logen behöver en ockult utbildning. Dess första steg är ett viljebeslut: att vilja vara Kristi kropp. Det beslutet brinner dock så obestridligt i hjärtat att det med alla prövningar som livet medför kan förändra *hela* människan.

---

1 Detta namn har vi först nyligen skapat. Det relaterar till den tidsmässiga utvecklingen sedan Rudolf Steiner benämnde kulten.

Därav termen ”ockult”: det går inte att se utifrån men utgör grunden för arbetet.

För att bekräfta detta oåterkalleliga beslut avlade man förr i tiden stränga eder. I dag går det inte att utifrån hjälpa till med ett viljebeslut. Redan det faktum att kunskapandet hela tiden kräver nya överväganden av jaget gör det omöjligt att påverka utifrån. Det ockulta skeendet blir mer och mer individuellt, och även de andliga väsen som tidigare vårdades, skyddades och närdes i logerna – i synnerhet Kristus – kan inte eller inte längre bindas till bestämda kultiska ceremonier och ord.

Men de andliga väsendena och Kristus lever upp i det kultiska medvetandet. Människor som börjar förnimma de andliga väsendena kommer förr eller senare att inom sig själva känna ett behov av en kult, ett behov som liknar en inre kallelse.

Efter det berättigade motståndet mot min idé att öppna logerna för människor som inte hade fattat det beskrivna viljebeslutet, grundade jag 2018 tillsammans med Rolf Speckner från Misraim-Mikael-tjänsten en forskningsförening dit man också kunde komma bara en gång och utan att förbinda sig. På det viset skulle man kunna fördjupa sig något i kultens väsen. Vi arbetar också med frågor av historisk karaktär, eftersom det hittills knappt har publicerats något i detta avseende[2] förutom i GA 265.

Men redan i GA 265:s titel används begreppet ”kunskapskultisk avdelning”. Detta begrepp förekommer endast i en anteckning av Emil Bock från ett samtal med Rudolf Steiner, inte hos Rudolf Steiner själv. Detta visar att man med stor försiktighet måste närma sig redaktörens introduktion samt de kommenterande och kompletterande avsnitten – trots allt hundra sidor. Dessutom tycks han ha skrivit utifrån sin förtrogenhet med Kristensamfundets kult. Den ger dock ingen grund för att bedöma en kainitisk mysteriekult. Utan att vilja såra någon måste jag ändå påpeka detta så tydligt, eftersom denna bok ställer mycket i ett felaktigt ljus och därmed skymmer Rudolf Steiners ockulta arbete.

I sin självbiografi betecknade Rudolf Steiner denna verksamhet som ”symbolisk-kultisk avdelning”. Han använde aldrig oprecisa begrepp, särskilt inte som namn för en avdelning inom den antroposofiska rörelsen där namnet måste uppfattas väsensartat. Symboler utgör grundvalen för ockult verksamhet. Den antroposofiska rörelsens symbolisk-kultiska avdelning arbetar med

---

[2] Litteratur om Misraims historia i samband med Rudolf Steiner se bilagan.

ett outtalbart symbolspråk som i likhet med det matematiska tänkandet kan röra sig inom det andliga *bortom egoismen.*

När det gäller den här boken stod jag inför problemet hur jag skulle beskriva kulten. Som jag nyss nämnde beskriver Rudolf Steiner ockultismen som att leva med ett slags lagbundet språk som på sitt symboliska sätt inte kan dras in i egoismen. Om jag förklarar kultens syfte förståndsmässigt – skulle jag då inte göra exakt det kulten skulle skyddas för? Skulle det inte innebära att svika vår tjänst för de andliga väsendena och för människan?

Det sätt på vilket jag har valt att skriva den här boken tycks mig den mest öppna möjligheten att skapa kultisk förmåga genom *erfarenhetsbaserad* kunskap hos läsaren – eller närmare bestämt hos den som medupplever orden. Det är inte meningen att boken ska ge svar eller handledning som man kan slå upp och inrätta en kult efter. Boken ska i det inre ge upplysning om vad det kultiska står för. Jag har genomgående försökt att röra mig med hjärtekrafter och att endast vädja till medvetna upplevelser. Jag hoppas att det kommer att ge dig glädje och stimulans att kärleksfullt segla med på min segelbåt som jag snart kommer att presentera för dig. Att du vill segla – inte för att ta dig till vissa platser, utan för att lära dig att segla helt enkelt.

Christiane Gerges strand@hamburg.de

Webbplatser:

christiane-gerges.de

misraim-michael-dienst.de

+49 151 27 030 503

En möjlighet att närma sig den *levande* mysteriekulten.
Må den tjäna som impuls genom vilken de människor som älskar kulten sedan kan omvandla den ytterligare så att den blir synlig.

Tillägnad Mikael, Kristi anlete,
tjänande Exusiai.

Tillägnad Mikael, som lever i rytmen,
tjänande Dynamis.

Tillägnad Mikael, Kristi ordnande hand,
tjänande Kyriotetes.

Introduktion

Frågor är livskraft. Min fråga leder mig in i ett slags rörelse. Den liknar en havsström som jag kan röra mig fritt i, som omsluter och bär mig och förflyttar mig i en viss riktning, oavsett om jag gungar i det skepp som är mitt liv eller om jag springer baklänges eller i sidled. Jag kan göra vad jag känner för för tillfället, men mitt öde är i stort sett styrt av kraften i den fråga som jag har ställt.

Jag kan uppfatta svaren på vägen, de dyker upp som öar vid horisonten. Jag kan kasta ankar och gå i land: ett slags *island hopping* från svar till svar. Det är sådana turer som i dag avgör våra liv: från svar och vetande till nästa kunskap. Den andliga världen med sin ström som flyter från fråga till fråga har flyttat sig utanför vår vardagliga förnimmelse.

Genom att jag vårdar mig om att ställa frågor kan jag återigen förbinda mig med den andliga världens *levande formkraft.* Jag kan till och med betrakta mitt eget öde utifrån forskningsaspekten angående min livsfråga. Med tiden kommer jag då att uppfatta hur allt som löper som en röd tråd genom mitt öde och alltså är oberoende av de enskilda karmiska virvelströmmarna har att göra med en viss fråga som jag har ställt, möjligen för mycket länge sedan, längre än jag kan minnas. Det kan vara en fråga som inte nödvändigtvis har gått genom huvudet, en fråga som kanske har uppstått genom att jag blev varse min kunskapsgräns. Kanske levde jag för evigheter sedan med frågan var solen kommer ifrån när den går upp? Och att stöta på en sådan gräns för min varseblivning utlöste en djup förtvivlan hos mig. Denna gräns var som en stängd dörr som min själ knackade på och därmed satte i gång en kraft, frågans undermedvetna kraft utan ord. En ström som från och med nu påverkade mitt öde, kanske under flera inkarnationer.

Jag kan öva upp min känslighet för den *strömmande* kraften i mina frågor, jag kan ta den på allvar och uppfatta den. Det handlar om en ström som inte leder från frågan till svaret och sedan är nöjd, utan som drar mig, frågeställaren, allt djupare – respektive allt högre – om bara kraften i frågan bibehålls. Att jag tar mina frågor på allvar, att jag ser det som möjligt att de kan utvecklas och förnimmas genom mig hjälper att upprätthålla min frågeström. Den ström som utgår från mig möts av en annan ström. Det andliga väsen som jag med min fråga har vänt mig till ljusnar i den mötande strömmen och formar med sin utveckling min ödesväv. Tillsammans bildar det andliga väsendet och jag ett medvetande. Eller är då mitt medvetande väsendets medvetande? **Bildar de andliga väsendena medvetande i oss genom kraften i våra frågor, genom vårt intresse?**

Detta är avgörande för hur jag skriver den här boken.

Kring huvudfrågan om en tidsenlig mysteriekult som jag har ställt glimtar underordnade frågor till likt krusningar som flödar in i varandra i en bäck. Att stanna kvar i flödet från våg till våg, på krönet av en våg och överlämna mig till nästa vågs dragningskraft ... Det grundläggande är inte att inte komma fram till en punkt där jag känner mig bekväm och vill dröja kvar.

I min känsla kan jag *förnimma* frågornas flöde som *pågående,* samtidigt som jag rör mig i flödet – som om jag förundrat lyssnade och upplevde det andliga väsen som blir verksamt genom min fråga.

Men för att synliggöra denna rörelse i frågeströmmen behöver jag stärka *min minnesförmåga.* På så sätt kan jag uppfatta frågans rörelse som en form. Den tidslinje i rörelsen som uppstår genom mina tankars utveckling kan jag bevara med hjälp av minnet medan jag upplever den. Då kommer jag inte att få ett förståndsmässigt svar, utan **väsendet i den kraft som jag frågande rör mig i lyser genom minnet synligt upp för mig i rörelsens form:** ***en gestalt som samtidigt är rörelse.*** Då står väsendet klart och ljust inför det inre ögat.

Därför är allting omvänt i den här boken. Det finns ingen stomme av rubriker, utan jag rör mig snarare med hjälp av frågan och tillsammans med frågan om den samtida mysteriekulten. Ännu står det inte klart för mig vart resan kommer att leda. Jag försöker att inte ha några förutfattade meningar, inte ens sådana som kommer från mina förkunskaper. Jag bemödar mig också om att inte ha några förbehåll till följd av rädslor eller dogmer. Däremot finns det ett sätt att röra mig i den här frågan, nämligen genom att göra mitt skepp – alltså jaget – strömlinjeformat. Som en bild skulle man kunna säga att ett kors är målat på mina segel. Jag vill göra denna resa med bibehållet jagmedvetande.

Att skriva den här boken är för mig kopplat till beslutet att inte ge mig ut på resan ensam, utan att bjuda in dig att göra den tillsammans med mig. Jag har inte rest i förväg och överlämnar härmed min rapport, utan jag inkluderar dig som läsare genom det *sätt* på vilket jag använder mina ord. Även om vi rör oss i olika tid har jag dig redan i mitt hjärta när jag går vidare i mitt skrivande.

När du läser frågor som jag besvarar själv handlar det inte om skenfrågor, utan om den process som utspelat sig i mitt inre.

För att du ska kunna orientera dig kommer jag att markera med fetstil där den tidsenliga mysteriekultens andliga väsen lyser fram särskilt klart. I bilagan kommer jag att sammanfatta dessa ställen för att påminna om den gestalt som rört sig genom texten.

Denna gestalt har jag inte bestämt i förväg och den är därför inte begränsad till mina förmågor, utan den kommer att kunna uppenbaras genom kraften i våra frågor.

På samma sätt ser jag också mitt (an)svar. Jag vill inte koppla det till min säkerhet eller min kunskap, inte heller till mina rädslor och min okunskap, utan jag vill bara hålla mitt jags skepp i frågornas ström.

Om den moderna mysteriekultens rörelseform blir synlig i vårt minne, så bör vi vara medvetna om att ett levande väsen alltid är i rörelse. När vi uppfattar dess gestalt befinner vi oss redan i väsendets förflutna. För att verkligen kunna leva med ett väsen är det nödvändigt att vårda denna relation. Vägen till synliggörandet går jag *frågande* tills jag uppnår ett förhållande av kontinuerlig och närvarande varseblivning.

Ett förhållande av kontinuerlig och närvarande varseblivning innebär att lyssna, fråga *och* minnas medan man blir varse. Jag skulle vilja kalla förhållandet för kontemplativt – ett *kärleksförhållande* till det väsen som man varseblivit på det viset.

Frågan om en tidsenlig mysteriekult

Jag börjar med att forma frågans kraft inom mig och beger mig ut i naturen.

Runt omkring mig idel tropiska träd. Frukt faller för mina fötter. De faller på de torra löven under träden och åstadkommer prasslande ljud. De har underbart vackra färger, från lila till lysande orange. Jag får alltmer lust att smaka på dem. Men den rationella delen av min själ tassar osäkert runt i mitt medvetande: "Jag känner inte till de här frukterna, de kan vara giftiga." Och genom detta fram och tillbaka dras jag in i förståndets rörelser som gärna medlar mellan önskan och förnuft med ett brett spektrum av idéer. Men inför de främmande frukterna tar förståndets övertalningsförmåga slut. På dess vågor vänder jag mig dock suckande till en högre kunskap och frågar: Hur har människorna kunnat ta reda på vilka frukter som är giftiga och vilka som är ätbara? Forskarna är eniga om att ett slags urval har ägt rum. Någon åt frukten medan de andra observerade om han överlevde eller inte. Kunskapen fördes sedan vidare från generation till generation.

Skogen öppnar sig, marken är täckt av gräs, palmerna vajar vid stranden. Det dröjer inte länge förrän en av öborna kommer fram till mig och sätter sig vid min sida. Det första jag frågar honom är om han känner till alla frukter här och vet vilka han kan äta och vilka delar av dem som är njutbara. Han ser förvånat på mig som på en utomjordisk uppenbarelse och säger: "Självklart!" Jag frågar honom om han har iakttagit djuren för att se vad de äter. Han ser ännu konstigare på mig. Inget svar. (Inte så underligt, för han visste ju inte i vilket urtidsförflutna jag just rörde mig.) Eller om det var hans mamma som berättat allt detta för honom? Han skrattar. Han verkar ana en smula var jag befinner mig, och han berättar att hans mormor gav honom mat och att han vet vad hans familj brukar äta. Men en gång ville han vara i skogen en längre tid och då var han tvungen att fråga frukterna själva. De svarade honom och berättade om sig själva. Även jag bör fråga frukterna om jag inte vet om de vill komma till mig eller inte. Jag lägger märke till att han utgår från frukterna och inte från sin egen önskan att äta dem.

Jag frågar vad jag måste göra för att kunna förstå och höra frukterna. Han ser förvånat på mig. Han betraktar mig och konstaterar att mina fötter inte står på marken på samma sätt som hans. Deras valv är för höga och får ingen kontakt. Och jag tycks uppfatta frukterna som något som inte är förknippat med jorden. Med varje steg måste jag rota mig i jorden för att bli ett barn av Moder Jord. På det viset kan jag fråga frukterna, eftersom de är gåvor av Moder Jord. Och hon skulle sedan sända mig en vakendröm där jag skulle vakna upp som ett moln runt frukten och därigenom ta reda på hur det var med frukten: om den menade väl med mig och vilka delar som var njutbara.

Jag känner att det som här sker är ett mycket ovanligt ögonblick: att lära känna en människa som upplever en naturbunden kult som sin vardagliga situation. Den kulten tar sig uttryck i ett slags samtal med jorden. Jag märker att frågeströmmen, rörelsen redan har börjat. Omgivningen talar till mig. Det första färgstrecket är färdigt. Jag bestämmer mig och hissar seglen:

Är vårt europeiska **vardagsmedvetande av ett sådant slag att vi känner oss som enskilda delar, separerade från vår omgivning?** Att på det viset betrakta frukterna som delar, skilda från jorden, är *en föreställning.* Finner jag den föreställningen också i mitt medvetande om mig själv? Jag står på jorden och upplever mig själv som en enskild varelse, innesluten i mig själv och genom mitt medvetande avskild från omgivningen.

Undrar vi inte ibland förståndsmässigt vad naturen runt omkring oss, vad kosmos har med oss att göra?

Vi lever vår vardag utan att vara medvetna om var vi kommer ifrån! Har vi glömt vår moder, Moder Jord som vi står och går på?

Men vi är inte bara materia, substans eller kroppslighet. När det gäller vårt inre väsen är vi, särskilt i Europa, vana vid att se oss själva inte så mycket förbundna med jorden, utan snarare med det ljus från vilket vårt eget andliga ljus, vårt medvetandeljus, härstammar. Är vi till vardags medvetna om vårt andliga ljus vilket ger oss självmedvetande, antingen det lever klart inom oss eller glimmar svagt när vi tyngs av förtvivlan? Är vi medvetna om att dess ursprung ligger i himlens stora andliga ljus? Ljuset visar snarare på fadersaspekten, på Fadern i himlen som beskrivs i Fader vår och de europeiska myterna.

Hindrar denna upplevelse av att vara en avskild "del" möjligheten till ett kultiskt medvetande?

Hur mycket lidande uppstår inte på denna jord på grund av att vi upplever oss själva som enskilda delar? När vi gjort oss skyldiga skedde det alltför ofta därför att vi fattat beslut endast utifrån oss själva i stället för att vara medvetna om helheten, i stället för att tänka på hur våra handlingar påverkar helheten.

Jag kan förstå det övergripande sammanhanget genom att tänka, vilket samtidigt leder mig tillbaka till ett avlägset förflutet, till kosmiska sammanhang. För det finns inga gränser för tänkandet. Om jag börjar tänka på produktionen av schnitzeln på min tallrik, går jag vidare till problemet med djurhållning och förhållandet mellan djur och människor. Detta leder mig sedan till frågan om hur djuren uppstod – och genast är jag inne på de olika stadierna av jordens utveckling och det gemensamma ursprunget.

Att tänka på sambandet mellan mig och min omgivning leder i slutändan till en gemensam urbegynnelse om jag bara utvecklar tankarna konsekvent.

Här kommer jag att tänka på Wagners *Parsifal*. Även graalslegenden, som är placerad i den europeiska kulturens hjärta, handlar om fenomenet skuld. Mycket detaljerat och inför öppen ridå beskrivs en kult som inte hör till den kyrkliga traditionen, utan är en fortsättning på förkristna och kristna mysterier. Graalslegenden berättar, framför allt i Wagners version, på vilket sätt spjutet som tjänat den heliga graalskulten kunde dras ner till Klingsors sensuella värld där det tjänar självets njutning. Klingsor lyckades med hjälp av den vilda Kundry förföra graalskungen Amfortas till sinneslust som därigenom glömde av sin uppgift och miste det heliga spjutet. Parsifal kan sedan återta detta spjut och helga det genom inte ge efter för lusten när Klingsor sätter honom i samma situation som Amfortas tidigare. När Kundrys försöker förföra Parsifal förlorar han inte minnet, det övergripande sammanhanget, utan hennes kyss gör att han minns sin moders kyss. Han fortsätter minnas och undrar: ”Vad mer har jag glömt?”[3] Han blir varse Amfortas lidande. Vid deras tidigare möte hade han försummat frågan hur han kunde hjälpa honom.

Parsifal förlorar inte tänkandets kraft. Med dess hjälp kan han logiskt följa minnets väg in i det förflutna och berikas samtidigt av medkänslan. På det sättet växer han alltmer utöver sig själv och rör sig på vägen mot urbegynnelsen.

I det ögonblick då han tänkande riktar minnet in i sin nutid växer han bortom sitt nuvarande själv. Att leda minnet in i nutiden befriar honom ur det enskilda självets tillvaro.

När du minns något som du var med om för länge sedan, kommer du att lägga märke till hur du i upplevelsen som du nu hämtar ur minnet uppfattar dig som mycket starkare förbunden med händelsernas omgivning än när det skedde. Sedan kan du också prova att minnas en händelse från i går. I en händelse från det förflutna blir sammanhanget med din omgivning tydligare, medan du i en nyligen inträffad händelse lättare kan jämföra med din aktuella varseblivning. Genom den här övningen kan du verkligen uppleva minnets förbindande verkan.

---

[3] Richard Wagner, *Parsifal*, andra akten

Att framkalla minnet i nuet är ett tillstånd som gör mig själsligen mer och mer vaken inför omgivningen och förbinder mig med den. Genom min förbundenhet med omgivningen riktas min blick alltmer mot det gemensamma förflutna, och jag börjar knyta an till alltings urbegynnelse.

Detta tillstånd kan man också kalla för äkta religion[4], att återanknyta det egna självet till kosmiska sammanhang, ja till urbegynnelsen.

Genom att framkalla minnet i nuet kan Parsifal i sin själ uppfatta omgivningens nöd. Och utifrån detta medvetande, den kallelse som når honom från omgivningen, inser han att möjligheten att hjälpa finns i honom själv. Det är han som kan leda den övergivna graalskulten. Övertygelsen uppstår inte hos honom till följd av egna tillfredsställda behov – till exempel att få bära kronan – utan för att lindra andras nöd. På det viset framkallas hans medvetande.

Är en själfull tankeupplevelse av minnet i nuet och en aning om det gemensamma förflutna ända tillbaka till urbegynnelsen förutsättningar för en tidsenlig mysteriekult?

Kan jag också med hjälp av känslan få fatt i ett övergripande sammanhang?

---

4 ”Religio” (lat.) från ”religare” = att återanknyta

Hur många människor är inte ensamma för att de inte vill lägga märke till sin omgivning, inte går ut och helt enkelt börjar prata med någon som finns där och skulle bli glad över att bli tilltalad? Hur många har inte fått sina sinnen avstängda av ointresse för andra människor som inte är på samma våglängd som man själv, av ointresse för andra varelser i allmänhet?

Hur många känner sig inte ensamma och märker inte ens att de andas, att hjärtat slår? Hjärtat är ju inte någon maskin eller en organisk mekanism. Vad är det för kraft som får det att slå så här, sekund för sekund?

Varifrån kommer denna kraft? Kommer den från oss själva?

Har den kraft som får alla människors och djurs hjärtan att slå samma ursprung?

Är det en och samma kraft i alla levande varelser? Vi upplever livskraft när vi varseblir hjärtats slag, och när de upphör upplever vi döden. Denna varseblivning är förbunden med en levande känsla.

Kommer denna levande kraft från ett väsen?

Skulle i så fall detta väsen leva inom oss och uttrycka sig genom hjärtslagen?

Jag sitter vid stranden och lyssnar på vågorna som kommer regelbundet, oavbrutet, dag och natt. Mer våldsamt när det stormar, lite lugnare när vinden är svag, men regelbundet, dag efter dag. En anande visshet lever i mig: detta pågår år efter år, årtusende efter årtusende. Det finns en rytm i jorden – eller runt jorden? Och jag känner hur mitt blod brusar och mitt hjärta pulserar med jorden. Jag känner mig buren av jordens rytm.

Jag fokuserar min uppmärksamhet på min andning. Jag andas in och förnimmer blommornas dofter. Genom doften jag andas in ger sig blommorna till känna. Det känns nästan som om det är deras färg som doftar. Och jag minns att jag på långt håll har känt lukten av cigaretter i naturen. Rökaren var minst hundra meter bort. Vart tar luften vägen som jag andas ut? Den går in i omgivningen och meddelar sig till andra varelser. Sitter jag här ensam? Nej, ensam är jag bara om jag inte förmår att varsebli.

”Wahrnehmen” (att varsebli) är ett underbart vackert ord i det tyska språket: att hålla något för *sant* (”wahr”). Jag håller något *för* sant, ger jag detta något ett vara, en karaktär av tillvaro. Med min varseblivning håller jag det för möjligt att det finns ett vara utanför mig – och jag är alltså inte längre ensam. Så enkelt är det. Inte bara på det logiska planet, utan också i det praktiska livet. Ointresse verkar leda till ensamhet, medan intresset för det andra – att varsebli – leder bort från ensamheten.

Är även varseblivandet en förutsättning för en tidsenlig mysteriekult?

Hur förhåller sig min vilja till det övergripande sammanhanget?

Vilken betydelse har det att jag kan känna mig som en enskild, separat del? Jag har vissa gruppminnen då jag njöt av att lyssna på rytmisk musik tillsammans med vänner. Det var en underbar känsla, som att simma i ett varmt hav, att dyka ner i en gemensam rytm. Du har kanske liknande upplevelser i grupp, kanske på fotbollsstadion eller karneval. Även om det inte var någon obehaglig känsla så kändes det ganska grumligt i medvetandet, som att somna in i det som levde i den gemensamma stämningen.

Har uppvaknandet i mitt medvetande ett samband med min avskildhet som en ”enskild del”?

Som litet barn är jag ännu inte tillsluten, jag är helt uppfylld av moderns och faderns vilja. När en utomstående frågar ett litet barn efter ett ”varför” kommer svaret: ”Mamma sa …”. Även senare, när jag kan tala med egna ord och lägga fram egna motiv, bär jag fortfarande med mig mina föräldrars begränsningar och rädslor. Genom att stångas med mina föräldrar och min omgivning formar jag sedan alltmer min egen vilja och min egen personlighet. Förr i tiden var det självklart att sonen tog över faderns uppgifter som byggts helt på dennes vilja. Det fanns knappast någon möjlighet att avvika från familjeströmmen.

Utvecklingen bort från blodsbanden verkar vara avgörande för utformningen av min personlighet.

Även Parsifal genomför en sådan frigörelse från blodsbanden. Hans utveckling förefaller mig betydelsefull för frågan om en mysteriekult. När han har begivit sig av på sin resa mot det okända, svarar han människorna till en början fortfarande på precis samma vis som hans mor lärt honom. Det verkar som om han bara agerar som ett kärl för sin mors vilja.

Men sedan blir han *skyldig* genom att omedvetet följa de riktlinjer som hans mor hade givit honom. Det är genom skulden han vaknar upp som en självständig person. Han blir varse sitt eget handlande – det han har gjort och det han inte har gjort.

Man kan se på viljans rörelse i ett utifrånperspektiv: den kommer alltså från föräldrarna. Och varifrån kommer då deras vilja? Även den kommer i sin tur från deras föräldrar. Och så vidare, och så vidare – ända till Adam och slutligen till Gud Fader.

Skuldmedvetande kan också uppstå på annat sätt, nämligen genom medvetet valda avvikelser från Faderns vilja. Det är här som problemet med ondskan, arvsynden uppstår. Men att gå närmare in på det nu skulle leda oss bort från vår frågeström.

Skuldmedvetande kan även uppstå ur det goda, när jag – liksom Parsifal – inser den skadliga effekten av mina välmenade gärningar.

Genom att bli medveten om min skuld upplever jag mig själv inte längre som någon som bara utför en handling. Jag relaterar till mig själv, förstår vikten av mina *egna* gärningar, den *egna* viljehandlingen.

Är den egna personens uppvaknande kopplat till medvetandet om skuld?

Viktigt för Parsifals uppvaknande är att han inte slår ifrån sig sin skuld och att han inte riktar den mot modern. För att bli användbar måste mammans vilja tolkas av sonen. Och det är denna *sin* tolkning Parsifal höll fast vid. Och med den tolkningen börjar den egna personens uppvaknande, oberoende av skuldfrågan.

I de grekiska mysteriespelen bar skådespelarna masker genom vilka de lät den memorerade texten ljuda. Maskens form var given. Men hur det tonade igenom den (latin ”per-sonare”) var föremål för skådespelarens tolkning, skådespelarens *person.* Senare likställdes ordet ”person” med själva masken, men det är en betydelseförskjutning som kom i och med den framväxande materialistiska världssynen efter den grekiska perioden. Även med dagens esoteriska uttryckssätt betecknar ordet ”person” individualitetens mask. Ursprungligen var det dock tolkningen av det givna – masken och texten – som hördes, *sättet* det gjordes på. Ännu upplevdes världen på ett mycket mer flytande sätt, och därför var man glad över att finna sig själv i detta karakteristiska sätt. Man kom aldrig på tanken att identifiera sig med maskens eller textens yttre på samma sätt som vi i dag identifierar oss med våra t-shirts och deras loggor.

Så länge Parsifal troget följer sin mors vilja förorsakar han andra människors lidande. Nu upplever han sin misstolkning tona fram ur omgivningen, eftersom det är andra människor som gör honom uppmärksam på den. Och han förbinder sig med misstolkningen, upplever att han själv förorsakat den. För honom innebär det att han vaknar upp som person genom upplevelsen av skuld. Vanligtvis brukar vi ju skylla på maskören eller textförfattaren. Parsifals själsliga styrka som innebär att han står fast vid sin egen tolkning väcker i honom ansvarskänslans moraliska dygd.

Är personens eget ansvar en förutsättning för en tidsenlig mysteriekult?

Måste det inte finnas ett ögonblick då personen helt och hållet frigör sig från faderns och moderns vilja, och om vi tänker tanken vidare: även från den gudomliga Faderviljan? Där personen så att säga är helt "övergiven av Fadern", som detta skede beskrivs i Nya testamentet i samband med Kristi invigning på korset? Måste det inte finnas ögonblick då jag upplever mig som fullständigt avskild för att helt och hållet kunna uppleva mig som person? Som självständig personlighet som inte är bara är sammansatt av en del från fadern och en annan del från modern?

Översättningen av det latinska ordet "individ" innebär något odelbart. Kanske kan man förstå det rätt bra ungefär så här: begreppet *individ* pekar mer på formen, alltså det odelbara, medan begreppet *person* pekar på en självständig karaktär, alltså på ett mer själsligt tillstånd.

Genom att utveckla en självständig, i sig själv sluten personlighet blir jag medveten om mig själv som individ.

Med detta medvetande om min avskildhet hänger jag så att säga i luften. Utifrån den insikten vill jag absolut veta:

När blev jag till som individ?

Hur varaktig kommer jag att vara som individ?

Kan det finnas något som aldrig har funnits och inte kommer att finnas?

Det odelbara kan ju inte ha sammanfogat sig självt. Så hur kan det ha uppstått?

Har det droppat av som minsta enhet av något stort? I så fall fanns den där redan tidigare, inuti den stora enheten. Eller har det plötsligt blivit synligt? I så fall har det också funnits tidigare, om än i det osynliga.

Och vidare i förhållande till den andra tidsgränsen: kommer individen att upplösas? Men hur kan något upplösas som alltid har varit odelbart? Om den löses upp i partiklar – måste de inte ha funnits som anlag? Men det går inte ihop med begreppet individ. Det verkar som om jag måste ge upp mitt linjära tänkande när det gäller individen: Odelbar betyder odelbar.

Det odelbara är alltså evigt, det har ingen början och inget slut.

Jag kan känna igen individen i det tidsmässiga och ändå verkar den vara evig. Den är alltså till hälften i tiden och till hälften i evigheten? Men den är ju odelbar, kan alltså inte ha två delar.

Är individen en aspekt av *porten* från rum och tid till ”Guds evighet”? *Är* individen denna port?

Hur är den här porten beskaffad? Var måste jag knacka på för att kunna gå igenom den?

Den befinner sig samtidigt i rummet och utanför. Vad betyder det? Det finns bara en enda tänkbar sak som uppfyller båda aspekter, och det är **punkten**. I ett rum kan den uppfattas som oändligt liten, och utifrån evigheten eller oändligheten tar den inget utrymme i anspråk. Jag kan inte föreställa mig den rumsligt – varje tänkt punkt skulle redan utgöra en yta eller ett klot, om jag inte använder en rumslig koordinat, en **korskoordinat** för att beskriva den, varvid linjerna i detta kors naturligtvis med sin bredd inte heller upptar något utrymme. Dessa linjer är i stället riktningsangivelser, orienteringshjälp i rummet.

Punkten verkar följa samma lagbundenhet som individen. Inom antikens mysterier var matematik en hemlig vetenskap som lärdes ut i templet. Med hjälp av matematiken kunde man göra andliga lagbundenheter begripliga som ligger utanför vår vanliga föreställningsförmåga. Därför kommer jag också att använda mig av geometrin.

Hur kan jag nå fram till en sådan port som inte alls är gripbar?

Det är tydligt att jag inte bara kan gå igenom den på ett linjärt sätt, på samma sätt som genom min lägenhetsdörr. Jag kretsar runt den med mina tankar. Om jag utbreder mig i rummet, på något sätt utvecklar mig där och skrider framåt förlorar jag mer och mer den oändligt lilla punkten.

I stället för att skrida i det fysiska rummet står andens inre djup till mitt förfogande: att försänka mig i meditation. När jag väljer det inre djupets väg märker jag att något formas i mig genom att mitt medvetande belyser det andliga. Andliga organ, andliga sinnesorgan bildas. Jag börjar kunna orientera mig i den andliga världen. Och jag kan röra mig mer och mer i den. Med allt som bildats och hela rörelsen fjärmar jag mig sedan från den oändligt lilla punkten, precis som när jag rör mig framåt i rummet.[5] Jag fjärmar mig också från port-ögonblicket men åt andra hållet, mot det andliga. Men är jag då inte redan i det andliga? Vart annars skulle individens port-ögonblick leda?

Om man längtar efter att bli klarseende, föra samtal med andliga väsen, varsebli elementarväsen och änglar, behöver man inte passera genom denna individens port. Man behöver bara utveckla sina andliga, högre sinnen. Det går lätt att öva upp genom att flytta fokus till andliga företeelser såsom rörelser av ljus och skugga, rörelser av färger, rörelser av former. I dag har många unga människor dessa andliga sinnesförmågor redan med sig när de föds.

---

[5] Ett undantag utgör meditationen av Fria Högskolans mantran i deras ordningsföljd.

Genom den utökade andliga sinnesaktiviteten har jag emellertid bara skapat mer och mer omgivning för mig själv som begraver mig från "utsidan".

Genom att avlägsna mig från punkten kan jag alltså förlora mig själv i båda riktningarna, både i det sinnligt-fysiska och i det sinnligt-andliga.[6] **Men vart leder individens port som vi kunde förstå som en "punkt"?**

I vilket fall som helst tycks punkten utgöra en mitt mellan de två världar som vi nu betraktar: den sinnligt-fysiska och den sinnligt-andliga. Lika litet som punkten kan mitten greppas rumsligt, men den kan fastställas alltmer detaljerat och exakt. Inte heller mitten kan man rumsligt mer än närma sig, på det viset är även den oändligt liten.

Mitten kan dock upplevas genom dess verkan: i det den skapar balans.

Inom sporten, till exempel surfing, lindans och liknande, innebär balans att vibrera fram och tillbaka runt mitten av en rörlig kraftlinje.

---

[6] Jag har valt begreppet sinnligt-andligt i den mån jag menar den andliga värld som kan upplevas genom mina andligt skolade högre sinnen.

Men jag kan också uppleva balans i **kontemplationen.** Då söker jag balansen inte bara som mitten av två sidor, utan när jag observerar ett träd till exempel består jämviktsförhållandet mellan det sinnligt-fysiska jag ser och det sinnligt-andliga som jag kan varsebli. Vidare skapar jag i min observation ett balanserat förhållande till det förflutna (När var detta träd anlagt? Tidigare planet-tillstånd: Saturnus? Solen? Månen?) och även till framtida utvecklingsmöjligheter. Och trädets verkan på mig som individ leder jag sedan till ett jämviktsförhållande med ett kosmiskt perspektiv. Utförs kontemplationen som just beskrivits, står jag i ett balanserat förhållande mellan sex världar: den **sinnligt fysiska och den sinnligt-andliga världen, det förflutna och framtiden, individ och kosmos.** Då rör sig mitten inte fram och tillbaka som inom sporten, utan den är i fullständig vila som en medelpunkt av sex världsriktningar: **Jag *befinner mig* i en mitt som motsvarar rumskoordinatkorsets medelpunkt.**

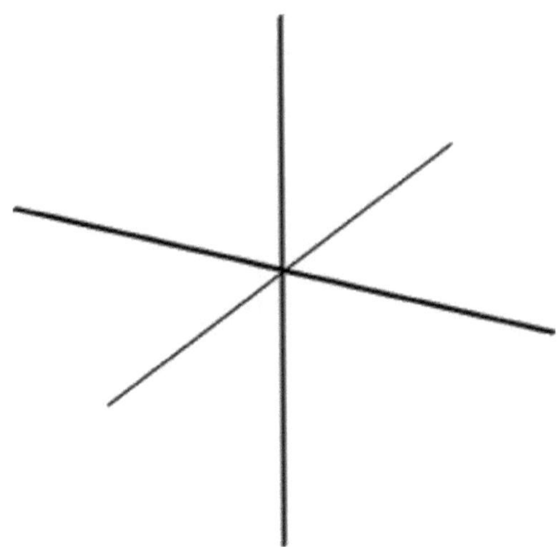

Frågan om vad individens port är för något har fört oss till begreppet mitten, till mittpunkten. **Det är där begreppet ”jag” uppstår,** ett begrepp som ingen kan uttala i sanning om man inte talar utifrån **väsendets mitt.**

Jaget som centrum, som mittpunkt upplevs **i skapandet av balans.**

På så sätt har vi kommit från individens port till jagets port.

Om individen var begreppet som hänvisar till det odelbara eviga, så är ”Jag” namnet på den som är verksam i mitten.

Det blev uppenbart att om jag rör mig bort från porten kan jag göra en mängd erfarenheter och åstadkomma en del, både i den fysiska och i den andliga världen. Men då fjärmar jag mig från min individualitet, vilken kan upplevas som en oändligt liten punkt. Möjligheten att samla erfarenheter verkar vara förknippad med min person som jag kan utprova alla slags ”masker” och textinnehåll med.

Redan när man skriver dessa ord eller läser dem blir det uppenbart att subjektet ”jag” kan röra sig från nivå till nivå: jag som person, jag som individualitet, jag som jag … Därför jag skulle vilja kalla **det jag som blev synligt som *verksamt* i den oändligt lilla punkten,** det rumsliga koordinatkorsets mitt, för det **”sanna jaget”.** Detta avser ett slags kosmiskt perspektiv, oberoende av den inkarnerade, enskilda individen. Det andra är det personbundna jaget. Utifrån mitt inkarnerade perspektiv kan jag också tala om mitt högre och mitt lägre jag.

Vad gör mitt högre jag när jag är på väg som person? Det stannar kvar i port-ögonblicket, eftersom detta ögonblick är identiskt med dess existens, allt annat leder bort från det.

Vi utgick från frågan *hur* individens port är beskaffad. Den har visat sig vara ett slags tröskel mellan två världar. Den har lett oss fram till en aning av det sanna jaget. Med hjälp av kontemplationen fann vi det som rumskoordinatkorsets mitt, som centrum för sex världsriktningar. Denna mitt leder steg för steg till jagets djup eller höjd, från det lägre till det högre, ända till det sanna jaget. Detta centrum är alltså en **"jagets port"**. Jaget verkar andas igenom denna port.

Och nu skulle jag vilja fråga: ***Var* hittar jag sådana jagets portar?**

I vardagslivet utgör födelsen och döden portar som står mellan två världar, den timliga världen och den eviga andens värld.

Vi kunde urskilja dessa två världar när individens port lystes upp för oss. Genom den oändligt lilla punkten, det rumsliga koordinatkorset och mitten har dock ännu fler världar blivit synliga för oss. Porten har utvecklats från en tröskels dualitet till en sexfaldig företeelse. I vårt hjärta kan vi nu uppleva sex världsriktningar: framåt, bakåt, vänster, höger, ovanför och nedanför. Det är inte så abstrakt som det kan låta. Alla våra möjligheter att röra oss bygger på detta. Och inför vår inre blick finns nu en port som står i centrum av sex världsriktningar: sinnligt-fysiskt (framför), och sinnligt-andligt (bakom), förflutet (till vänster) och framtid (till höger) samt slutenhet i oss själva (nedan) och förbundenhet med Gud (ovan).

Portens karaktär förändras alltså när det sanna jaget står inför mig. **Portens beskaffenhet verkar ha en alltmer differentierad**

existens: från tröskeln mellan två sidor utvecklas den till det rumsliga koordinatkorsets mitt.

Det handlade inte om någon yttre väg från individens port till jagets port, utan porten har differentierats genom min inre belysning och utveckling. Från detta plan kan man lätt upptäcka att födelse och död inte bara står mellan den sinnligt-fysiska och den sinnligt-andliga världen, utan också mellan det förflutna och framtiden samt mellan förbundenheten med Gud och slutenheten i sig själv. **Födelse och död är alltså portar där det sanna jaget blir synligt i sin existens och verkan.** Nu förstår jag alla beskrivningar av att man i dödsögonblicket kan möta Mose eller Kristus.

Men vad händer däremellan, under livet på jorden? Då är ju det sanna jaget inte synligt. Rör sig inte det sanna jaget mellan födelse och död?

I den rent *varseblivande* aktiviteten kan det sanna jaget vara mitten, men inte när det gäller ett riktat ingrepp, ett målmedvetet framåtskridande. Där skulle det förlora sig självt som mitt. Är det då bara personen som rör sig under jordelivet? Som en bekräftelse minns jag Rudolf Steiners ord: "... att jaget egentligen stannar upp vid den tidpunkt till vilken vårt minne når tillbaka. [...] Jaget är inte med vid vår vandring på jorden."[7]

Hur kan då jaget röra sig, utvecklas?

Eftersom personen vid födelsens port utgår från det sanna jaget, kommer väl också vid dödens port personens erfarenheter fram till det sanna jaget. Men hur?

Det som en människa bär med sig från jordelivet kan inte vara en "väska full av saker", för med en sådan kan hon inte nå fram till det sanna jagets oändligt lilla punkt. "Det är lättare för en kamel att komma igenom ett nålsöga än för en rik att komma in i Guds rike", som det passande står i Nya testamentet.[8]

Vid dödens port utspelar sig Kamaloka, där livet på jorden går baklänges tills det når fram till födelsens port. Det som finns i personens minne löses upp i den eteriska sfären, känslor löses upp i den astrala världen, men viljeimpulserna, de moraliska impulserna förvandlas under Kamaloka till eldfrön. Vilka är de viljeimpulser, de uppgifter som personen begåvats med när den sändes ut från födelsens port, och vad har det blivit av dem vid dödens port? Det sanna jaget kan agera vridpunkt när allt skall vägas.

---

[7] Rudolf Steiner, GA 165, föredrag 19 december 1915

[8] Markus 10:25

Men det är inte lika stelt som man tänker sig vridpunkten på en fysisk våg som har ett fast lodrätt sänke, där balken med vågskålarna är fixerad.

Det sanna jaget är snarare en mycket *rörlig* vridpunkt som själv byter plats när det väger och balanserar.

Men hur kan det finnas en plats i det rumslösa? Egentligen förändrar det ju sin omgivning. Det rör sig inte från plats till plats, utan det bildar andra omgivningar och blir därmed annorlunda. Det omger sig så att säga med nytt öde och håller sig på det viset i balans.

När tyskan höll på att uppstå på 700-talet kallades det som omgav ett hålrum för ”want(u)”. Det handlade om ett flätverk av vass som förstärktes med lera. Det var så man byggde på den tiden. Ordet motsvarar vårt moderna uttryck ”Wand” = ”vägg”. Det betyder inte avgränsning på samma sätt som ordet ”mur”, utan betyder ”omslutet hålrum”.[9]

Det sanna jaget som är odelbart och oändligt litet och inte kan röra sig rumsligt skapar åt sig omgivningar och omvandlar sig. Det *förvandlar* sig i ordets rätta bemärkelse (jämför tyskans ”Wand” = ”vägg”).

---

[9] Jfr. Friedrich Kluge, redigerad av Elmar Seebold: *Etymologisches Wörterbuch der deutschen Sprache*. Berlin/New York 2001, uppslagsord: ”wandeln”.

Det är en port som aldrig kan uppsökas en andra gång, man kan alltid på nytt nå fram till den. Det sker så att säga med en annan nyckel, med andra processer, på andra villkor, genom nya omvandlingar. **Det är förvandlingen som är det sanna jagets rörelse.**

När vi kom fram till begreppet om det sanna jaget, visade det sig portens differentiering samtidigt som en mittpunkt för sex världsriktningar. Men begreppet ”port” är rumsligt och det gör att vår väg endast leder oss till en bild av en mitt mellan den sinnligt-fysiska och den sinnligt-andliga världen. Det här kallar vi en **första bildning av mitten.** För att senare kunna belysa ytterligare bildningar av mitten måste vi flytta begreppet från porten till själva mitten.

Nu kan man tänka sig att man ”artificiellt” – i betydelsen konstnärligt – kan skapa sådana det sanna jagets portar mellan den sinnligt-fysiska och den sinnligt-andliga världen, så att det sanna jaget utöver de naturliga portarna får ytterligare möjligheter till sin verksamhet på jorden. **Med dessa konstnärligt skapade portar** skulle det finnas möjlighet att **lysa upp medvetandet om det sanna jaget på jorden.** Eller med andra ord: **att skänka**

medvetande till den som är verksam i mitten, vars verksamhet varseblir mitten.

Det är vad man försöker göra i logerna. Det sägs att ockulta loger har övningar för att nå det kontinuerliga medvetandet. Även om många av denna anledning övar upp sömnlöshet är det inte en utvidgning av personen som avses, utan det handlar om att leda det sanna jagets medvetande in i det jordiska livet och genomlysa det. Här träder bilden av Kristofferus fram: att bygga broar åt det sanna jagets medvetande över det jordiska livets ström.

Att bära det sanna jagets medvetande ner till jorden är ett av huvudärendena för de mysteriekulter som är förbundna med Kristus.

Frågan är om detta fortfarande är berättigat efter Mysteriet på Golgata? Skulle det tidsenliga inte bestå i uppståndelsens rörelse? Alltså bort från materien? Bort från jorden? Före Kristus lyckades även indiska gurus med att efter döden bli synliga i ett slags uppståndelse i en eterisk kropp. Men det nya och unika med Golgatamysteriet är **kroppens uppståndelse genom att Kristus, det sanna jaget som gäller för alla människor, offrar sig in i materien.**

För att vandra med Honom bör man även på det konstnärliga fältet finna möjligheter att inte bortse från materien, **utan att**

besjäla och förlösa den. Kristus frigör sig inte från jorden, utan genomtränger det materiella med sitt jag, besjälar och *förandligar* det. Att på det viset "just med sina sinnen se samspelet mellan det materiella och det andliga som en enhet"[10] gör att vi förmår uppfatta uppståndelsen som ett skeende som människan aktivt måste delta i.

Vad menas med kroppens uppståndelse?

Till grund för den fysiska kroppen ligger en viss formkraft, en **formkropp.**[11] När man till exempel äter bönor eller nötkött ser den fysiska kroppen efteråt inte annorlunda ut. Man övertar inte bönans eller nötkreaturens form. Vi förfogar över en inneboende kraft som binder allt vi äter till sin egen form.

När jag betraktar ett lik kan jag observera denna formkropp. Den tycks avlägsna sig, eftersom formen sönderfaller. Vart tar den vägen? Jag kan iaktta den med hjälp av elementen. Först märker jag hur värmen drar ur kroppen (eld). Sedan uppstår en lukt som sprider sig allt starkare (luft). Därefter ser jag att vätska dras ut ur kroppen (vatten). Slutligen sprids mineralerna och metallerna i

---

10 Rudolf Steiner, GA 194, föredrag 30 november 1919

11 I GA 131 talar Rudolf Steiner också "fantom" eller "formgestalt". Men i enlighet med boken *Teosofi* där han sätter likhetstecken mellan gestalt och kropp och till exempel också kallar den livsfyllda andliga gestalten för "eterkropp", tillåter vi oss här termen "formkropp", eftersom det ordets utveckling gör det möjligt att vända den utåtriktade viljan till en mottagande, vilket är viktigt för mysteriekulten.

miljön, även om det i öknen kan ta tusentals år (jord). Likväl går det att varsebli formkroppens rörelse ut i omgivningen, en rörelse som följaktligen kan nå jordens eller rent av kosmos periferi.

Om jag däremot betraktar befruktningen blir det tydligt att en viss formande kraft inverkar på de två cellerna från det ögonblick de förenas. Redan från detta första ögonblick förändras den formkraften inte längre. Naturligtvis fortsätter celler och organ att bildas som inte varit synliga från början. Men på samma sätt som ett frö blir en ek och ett annat frö en blåklocka, finns det från och med föreningsögonblicket ett anlag av spänningar som utgör denna form. Det är som om ett visst intervall nu tonade genom föreningen av celler från fröets till äggets kärna. Och jag kan observera hur ämnen sugs in från omgivningen i enlighet med detta intervall.

Formkroppen utför ett slags kosmisk andning. Den andas ut i periferin och drar ihop sig till ett centrum.

Kristus utför denna formkroppens rörelse som sin egen. Han kommer från Treenigheten bortom djurkretsen, det vill säga från den kosmiska periferin, och har mer och mer förenat sig med jorden, ända fram till dess centralpunkt i Mysteriet på Golgata. Och vid uppståndelsen andas han gradvis in i hela omgivningen, jordens naturriken, planetsfärerna och djurkretsen.

Formkroppens rörelse utgör hans andning, är hans Atman, som man uttrycker det på det heliga språket sanskrit.[12]

De kristna mysteriekulterna förnimmer Kristus som ord som bärs av Hans andning. Därför är de verksamma ”neråt” ända till formkroppen som ligger till grund för materien. Genom att man medvetet placerar sin egen formkropp i denna kosmiska andning uppstår ett slags ljusandning: Kristusordet, Kristus i sin uppenbarelse som ord, kan på så vis bäras och förnimmas.[13]

Jagets ”konstgjorda” portar som nämnts tidigare existerar alltså faktiskt i rummet som ett **bildkonstverk,** antingen som ingångsdörr till ett tempel eller som passage mellan pelare. Det handlar om riktiga portar som man kan knacka på med handen. Men man kan inte passera igenom på ett linjärt sätt. **Portarna är förvandlingens platser.**

---

12 Rudolf Steiner översätter det med ”andemänniska”.

13 Observation av blomning och vissnande (som utvecklar medvetandet om ovanför och nedanför), av den röda och den blå pelaren (som utvecklar medvetandet om framsida och baksida i människans uppresta ställning) och av växtens metamorfos (som utvecklar medvetandet om vänster och höger i betydelsen av viljans förbindelse till omgivningen; den ger upphov till växtens spiralutveckling och är hos människan konkret differentierad i vänster och höger) är exempel på övningar som begåvar denna ljusandningsprocess med medvetna verktyg.

Hur sker denna omvandling? Det finns en **väktare** som identifierar sig i/som? respektive port, och denna väktare uppmanar deltagaren att forma tecken och grepp. Han ställer sig direkt inför den som knackar på, står öga mot öga med vederbörande. Han ser på denne. Genom en förberedande meditation har alla deltagare nått medvetandenivån som heter "Jag är du". Med hjälp av väktaren upplever därför den som knackat på hur han själv formas. Först därefter kan han passera. Han är då inte längre samma person som han var framför porten – förutsatt förstås att han tar detta steg med det nödvändiga allvaret och den inre hängivenheten.

Försök själv. Börja med att le. Sedan "fryser" du leendet, det vill säga du behåller det fysiska uttrycket och samtidigt som du blir själsligt ledsen. Det går helt enkelt inte att göra utan att ändra några muskler. Som jämförelse kan du också prova det omvända: inta uttrycket "djupt ledsen" och försök att vara glad samtidigt som du behåller denna min. Det är relativt grovt, men du kan föreställa dig hur varje liten hand- eller fingerposition i "tecknet" påverkar astralkroppen. Och om du känner till akupunktur eller akupressur kommer du också att förstå hur fingrarnas positioner och deras tryck på vissa delar av den fysiska kroppen har en effekt på den eteriska kroppen och organen – och det är precis vad "greppet" handlar om. Jag kan tilltala hjärtat, struphuvudet eller solarplexus, beroende på tryckpunkten. Den som deltar i mysteriekulten omger sig med en annan kroppslig ”viktning” än han gör till vardags, den skiljer sig från den som hör till hans personlighet. Han fortsätter ju att gå genom porten med sina nittio kilo som han också vägde framför porten. Men tidigare hade han kanske haft för vana att gå med huvudet eftertänksamt böjt, att snarare gå med jaget draget ur bakhuvudet, medan han nu intar en upprest hållning, eftersom han framhäver solarplexus. Det är vad jag menar med viktning, en förflyttning av medvetandets centrum till ett annat ställe i kroppen. Jag väljer ordet ”viktning” för att det betonar jagets verksamhet.

När tidsanden Mikael för tankar genom hjärtat kan jag inte närma mig honom om jag med mitt medvetandecentrum stannar kvar i huvudet. Jag måste kunna möta honom i *hans* sfär, och den ligger i förbindelsen mellan huvud och hjärta.

Tecken och grepp utförs alltså vid porten. De är inte bara tänkta eller föreställda medan deltagaren sitter eller står kvar, utan den fysiska kroppen tas med i den andra viktningen, vilket naturligtvis ibland kan se lite konstigt ut, i alla fall kan kännas ovant och ganska obekvämt.

Deltagaren flyttar medvetandets ställe i sin kropp. På så sätt träder han in i en annan sfär. Tecknet, som han behåller som en gest, hjälper honom att hålla sig kvar i den ovana viktningen.

När en livvakt går på gatan bredvid en prinsessa kan man tydligt se deras olika sfärer. Prinsessan är vid varje steg upptagen av den strålande kraften i sitt pannchakra, livvakten av en alert spänning i solarplexus, i navelchakrat. Även om båda berör samma trottoar med fötterna är de långt ifrån varandra i fråga om medvetande. Och nu kommer alltså de mest olika människorna fram till porten: prinsessor och livvakter och ännu fler varianter. De anländer till tempelporten för att ägna sig åt ett gemensamt arbete. De ska inte bara sitta bredvid varandra i ett rum, utan verkligen befinna sig i samma sfär för att i sannaste bemärkelse arbeta gemensamt. Då är förändringsviljan så att säga nödvändig. **Jag skrider genom porten in i en annan omgivning, jag *förvandlar* mig själv.**

Att bli betraktad av väktaren innebär att hela processen **inte är ändamålsinriktad.** Det är ju jag själv som ser på mig som väktare. Jag är den som redan har nått sfären. På så sätt förvandlar jag mig själv genom att identifiera mig med väktaren, kärleksfullt och hängivet. Det handlar om en mycket viktig process: att inte vilja tränga in i utifrån, utan att nå dit inifrån, genom att identifiera mig med "målet". Den här heliga rörelseprocessen kan knappast skildras i ord. Rörelsen sker enbart i jagets förvandling. Redan själva begreppet "mål" stör och inhöljer identifikationsakten i syftets mantel. Det är en öppning av kärleksförmågan som följer med denna väg.

För jagets medvetande är det nu avgörande att tecken och grepp inte får verka omedvetet.

Varje människa är hemma i en viss sfär som påverkar henne omedvetet, eftersom hon alltid lever i den. På samma sätt som vi efter några dagar inte längre hör klockans tickande eller timslag, så verkar vårt hems sfär på oss.

Om man däremot medvetet ändrar något i sin sfär, så blir man under ett kort första ögonblick omedelbart varse nya detaljer, åtminstone en inre ljusupplevelse. Man kan ju relativt snabbt få andliga upplevelser och till och med förnimma höga ljusväsen utan att gå igenom jagets port. Det kan ske genom fysiska övningar, till exempel andningsövningar, men också genom eteriska övningar, som till exempel att ta in ett mantra melodiskt utan någon tankeprocess, eller genom astrala övningar som avhållsamhet och askes. I grund och botten handlar det om viljemässiga förändringar av den sfär jag är hemma i. Men de ligger utanför den väg som jag med den här betraktelsen vill beskriva och följa och som ska leda genom jag-medvetandet.

Det här första ögonblicket uppträder som en flyktig andlig varseblivning när medvetandet skiftat. Varför är det så flyktigt? Låt oss se närmare på det innan vi går vidare.

Inspirerad av upplevelserna vid porten som hittills blivit synliga vill jag fråga om det kanske inte är det första ögonblicket, utan själva övergången från en sfär till en annan som möjliggör den korta stunden av klarseende? Har jag gått genom en port från en medvetandesfär till en annan utan att lägga märke till det? Vi är ju inte vana vid att iaktta övergången från det ena till det andra. Med vårt vanliga sätt griper vi alltid efter det som har formats och observerar inte vägen dit. Men kanske utspelade sig detta *klar-seende* exakt i mitten mellan de två sfärerna? Så att jag inte varseblev detta ögonblick av andlig uppenbarelse med min person, utan med mitt jag?

Och då aktiverades åter min inövade skyddsmekanism, medvetandet om mitt själv, mitt självmedvetande och hindrade mig från att fortsätta kunna se det väsen som flyktigt uppenbarade sig för mig.

Hur kan det vara möjligt? **Kan jag med mitt självmedvetande inte uppfatta något väsen?**

Till vardags har jag den ena förnimmelsen efter den andra. Men det som allmänt kallas perception – är det inte nästan enbart ett omdöme, en begreppsbildning? Självmedvetande uppstår ju inte förrän jag fokuserar varseblivningen på mig själv. Om jag däremot enbart fokuserar på omgivningen släcks mitt självmedvetande medan jag varseblir. För att kunna upprätthålla självmedvetandet kopplar jag alltså varje förnimmelse av omgivningen omedelbart till mig själv genom mitt omdöme som jag blandar in i varseblivningen. Till följd av mitt omdöme är allting relaterat till mig själv. För att kunna ha ett omdöme behöver jag något att hålla mig till – och det är mitt eget förflutna, mina erfarenheter som jag alltid har med mig i mitt medvetande när jag bedömer omgivningen. Och ju mer mitt självmedvetande ökar, desto mer försvinner öppenheten, kopplingen till det sanna jaget som fortfarande lyser under barndomens första månader. För att åter kunna varsebli, för att kunna uppfatta andra väsen, måste jag medvetet bestämma mig för att glömma *mitt* förflutna. Därmed försvinner mina fördomar och först då kan jag upprätta kontakten med det sanna jaget.[14]

I det normala jordiska livet löses det genom att jag passerar glömskan varje gång jag vid födelse och död går genom jagets

---

[14] Jfr. Rudolf Steiner: *Tröskeln till den andliga världen*, GA 17, kap. "Om människans 'sanna jag'".

portar. På så sätt kan jag möta mitt sanna jag och fördomsfritt börja ett nytt liv igen.

I en kultisk handling kan jag göra detta genom att tömma en **glömskans bägare** när jag anländer till väktaren, så att det ända in i kroppen och ner i viljan blir klart för mig vad som måste göras för att gå vidare. **Med *mitt* förflutna lämnar jag mitt självmedvetande utanför.**

Det finns en skillnad mellan förmågan att minnas, som förbinder oss med omgivningen och som vi betraktade i början, och det egna förflutnas närvaro, som bygger på erfarenheter som blandas in i omdömesbildningen och utgör självmedvetandet. Hit räknas alla yttre statusfaktorer som klass, etnicitet, religion och utbildning. För en kultisk handling bör de därför inte vara relevanta.

När jag nu ger greppet till väktaren och bildar tecknet, kan jag observera *vägen* som uppstår genom den nya viktningen. Jag kan betrakta den samtidigt inifrån och utifrån genom mitt perspektiv som väktare. Och med mitt medvetande kan jag mer och mer "ringa in" övergången från den sfär som jag för en stund sedan befann mig i till den andra sfär som uppstår genom tecken och grepp. Jag kan försöka förstå övergången mer och mer subtilt. Jaget blir vaket i denna avvägande, kontemplativa aktivitet. I det ögonblicket upprättar jag en förbindelse till mitt sanna jag. Då varseblir jag övergången med vakna andliga sinnen: med livssinnet, rörelsesinnet, jämviktssinnet, ända fram till jag-sinnet. Använda på det sättet utgör **tecken och grepp beståndsdelar av jagets port.**

Till tecken och grepp fogas i de mysterie-kultiska handlingarna nu även **ordet**. Det uppstår en trefald: tecken, grepp och ord. Tecknet bildar ordets skelett och gestaltar alltså formkroppen, greppet inverkar på eterkroppen, på ordets eteriska rörelse, och det talade ordet bildar astralkroppen genom motsvarande klang, så att ordet gestaltas genom alla kroppar.

Genom följande process sänks nu det talade ordet gradvis till formkroppen: För att helt bortse från innehållet, som påverkar astralkroppen, uttalas ordet i första steget med en partner växelvis bokstav för bokstav. Det är förståndet, som annars brukar ta tag i innehållet, som utför denna uppdelning i bokstäver. I andra steget lyssnar man sedan på de uttalade stavelserna. Då börjar sinnena delta, mitt jags förnimmelse blir verksam. Vilken stavelse är tyngre (livssinnet)? Vilken är längre, vilken är kortare (rörelsesinnet)? Vilken är ljusare (synsinnet)? Jag blir varse ordets viktningar.

Sedan följer ögonblicket av kärleksfull hängivelse åt detta ord. Med väktaren som partner förlorar jag trots hängivelsen inte mig själv. Mötet med väktarens behärskade, allvarliga blick håller i mig. Jag simmar inte bort med ordets melodi, utan kan med hjälp av jag-sinnet hela tiden hålla mig kvar i jaget. Därigenom stannar jag också kvar i min mitt medan jag talar. Jag flyter inte med i ordets flöde, utan ordet omsluter mig.

Observera dig själv när du lugnt talar med en partner. Ljuden "blåses" inte ut i luftströmmen, utan bildas runt omkring dig. Du behöver bara dra bort ditt medvetande från det innehåll du vill uttrycka eller från din omedvetna förankring i den andra personen och flytta det in i rörelsen – eller snarare skifta viktningen – och liksom inifrån betrakta denna rörelse, då kommer du att uppleva alla ordets former runt omkring dig. Du kan så att säga känna på ordet inifrån.

Att uppleva ordet bokstav för bokstav som ett pärlband, som en melodi skulle lyfta in mig i eterkroppen. I stället ska hela ordet bli en skulptur runt mig, ett ackord, ett intervall. Genom min kärleksfulla hängivelse har jag lyssnande skänkt min kropp åt ordet. Min egen formkropp blir till ordets skulptur. Ordet blir synbart för mitt medvetande. Nu behöver jag bara låta mina armar, händer och hela kroppen flyta ut för att göra skulpturen synlig även i rummet. Det är som ett hölje för ordet. **I detta port-ögonblick är jag omgivning, ordets förvandling. Jag är ordets gest.** Tecken och grepp, som naturligtvis har viktning som motsvarar ordet, blir fästen för mitt jag, på samma sätt som skelettet bär musklerna och kroppsprocessernas organ.

Jag glömmer mig själv medan jag är aktiv. Jag når till och med utöver mina egna formkrafter. Samtidigt hålls jag genom väktaren vaken i jag-sinnet. På det viset lyser det sanna jaget upp för mig i föreningen med ordet.

Genom min förening med ordet förvandlas samtidigt det sanna jaget som lyser upp vid porten.

Detta är **transsubstantiationens kainitiska form.** I sin förvandling offrar människan sin själ och sin kropp för ordet. Kristus, i *sin* förvandling, talar då: ”Detta är min kropp, detta är mitt blod” som ett *svar* som den hängivelsefulla människan hör inifrån i föreningen med Honom.

Och det är nödvändigt att jag fattar ett **viljebeslut** att inte vilja ha insikterna från sådana ögonblick för mig själv, utan att jag därmed själv blir **porten som förbinder och förenar världarna.**

Är detta beslut förknippat med behovet att kultiskt förrätta mysterierna?

Här kommer jag att tänka på den sista bilden i Christian Rosenkreutz ”Kymiska bröllop”. Christian Rosenkreutz blir tillsatt som väktare. Han beskriver processen som ett "straff", men skildringen tycks snarare vara ett uttryck för ödmjukhet. Tyder det inte rent av på att han genom denna befattning firar bröllop med det sanna jaget? Har han inte uppnått det egentliga kymiska bröllopet och blir från och med detta ögonblick väktare av mysteriekultens innersta hemligheter?[15]

För människor som (ännu) inte fattat *viljebeslutet* att bli kropp åt jaget och Kristus har Rudolf Steiner med klasstimmarna skapat ett slags förberedande tanke-mantra för att *imaginativt* kunna uppleva jagets portögonblick. Han lägger tanke, känsla och vilja i kors i sjunde klasstimmen som är utformad på ett sätt som påminner om frimureriets fjärde grad. Jag vill inte beskriva detta nu i alla detaljer, utan bara ge en antydan för dem som är bekanta med Fria Högskolan. Det viktiga är att man i det korsande som sker i denna imagination upplever en antydan om den oändligt lilla korspunkt där jagets port kan skymtas. I detta nya slags viktning av de tre krafterna tanke, känsla och vilja som korsar varandra, får jag höra det tillhörande namnet när jag passerar genom porten: "sann

---

[15] Jfr. Rudolf Steiner, GA 93, föredrag 4 november 1904

människa".[16] Också här har jag gesterna och ordet, men på det imaginativa området.

Vad är skillnaden mellan dessa två metoder? Om jag följer klassens lektioner med hjälp av imaginationen, skapas en väg, en port genom kunskap och tanke. Den når inte in i viljan och kroppsligheten på samma sätt som den mysteriekultiska vägen. Men om tänkandet är så pass luttrat att det inte dras in i självets värld, handlar det alltså om ett tänkande som kan gå igenom döden, så är dessa mantran i sin givna ordningsföljd en möjlig inkörsport för jaget. Utifrån en inre nödvändighet tillfogar Rudolf Steiner i nästa steg därför ett mantra som slutar med att man förlorar tänkandets kraft i tidsförintelseströmmen. Därmed pekar han på frågan om en annan sorts tankeprocess.

Även i *känslan* kan jag skapa jagets portögonblick. Leonardo da Vincis målning *Nattvarden* dyker upp för mig. Jag ser på Kristus och upplever det fysiska rum som Han skapar med lärjungarna när de sitter vid den sista måltiden. Samtidigt upplever jag evigheten i Skapargudens ljus bakom Hans huvud. Det här är ett sådant portögonblick där jag känner hur det eviga lyser in i det timliga. Jag

---

[16] Thomas Meyer, *Der Meditationsweg der Michaelschule,* sjunde timmen, Perseus-Verlag 2011.

kan förnimma det genom att betrakta tavlan med känsla. Mitt jag är känslomässigt närvarande när jag ser på denna bild och kan uppleva att tavlans väsen varseblir mig och jag kan varsebli mitt väsen i dem. Då handlar det om en möjlig port för jaget.

Även *rytmiskt* utförda handlingar skapar sådana portögonblick mellan evighet och det rumsligt-timliga. Rytmiska händelser, som vågorna i en havsström, tycks förmedla evighet. Solens rytmiska förlopp genom dag och natt eller genom året, planeternas och himlakropparnas rytmiska rörelse är släkt med jagets evighet.

Rytmiska händelser utgör portar till evigheten för viljan. Om jag kan ha deras andliga upphov i medvetandet och i själen bildar de en möjlig port till jaget.

Med rytmiskt utförda handlingar har vi redan kommit fram till det som kallas **ritual.** Medvetet utövade upprepningar, som att varje dag vattna blommorna eller varje morgon dricka kaffe, kan bli ritualer om de utförs regelbundet.

Men rytmiska processer har olika kvaliteter. Processer som sker antingen i ”vanekroppen” eller förlopp som är mer förknippade med jaget självt.

De sistnämnda är ritualer som relaterar till kosmiska lagbundenheter, till exempel när vi tänder ljus vars antal har med numeriska kosmiska förhållanden att göra: sju, tolv eller trettiotre ljus på julgranen. Eller rytmiska processer som är relaterade till årsloppet, som till exempel adventsträdgården, födelsedagsljus eller att leta efter påskägg. Här kan det evigt andliga skymta fram.

I de här ritualerna upprättas en förbindelse med den andliga världen genom en rörelse från den fysiska världen nere till den andliga världen uppe. Rituella handlingar är bemödanden här i den fysiska världen att genom det rytmiska få kontakt till den andliga världen.

Men brukar man inte kunna passera en port från två sidor? Är det sanna jaget redan i rörelse, det vill säga håller det verkligen på att förvandlas, när portögonblicket bara byggs upp på ena sidan?

Handlar inte portögonblicket om ett slags samtal och förening?

Nu framträder begreppet kult som jag hittills har behandlat mer som en oklar term.

Vilka processer ska äga rum för att jag i en ritual ska kunna tala om en kult?

Det latinska ordet ”cultus” kommer från verbet ”colere”: att odla eller vårda. Begreppet härstammar från jordbruket. Och den rörelse som framträder tydligt inom jordbruket är inte lika ensidig som inom ritualen. Det är rörelsen från nerifrån och uppåt som följer med vården av växten, när växten kommer upp ur jorden, vecklar ut sina blad och slutligen öppnar blomman med foderbladen. Rörelsen ledsagas av bonden som vattnar och sköter jorden. Men sedan framträder också en rörelse uppifrån och neråt: det kosmiska ljuset hjälper till att veckla ut växten och placerar sig med sina regnbågsfärger i blomman. Och solens värme får fröna att mogna. Bonden tar fröna "uppifrån" och lägger tillbaka dem i jorden.

Att placera det andliga ljuset i jorden, så som man gör med fröna i jordbruket, **att ta hand om det som formas på ett sådant sätt,** att växa, att öppna sin färgstarka blomning för den andliga världen – **är det detta som utgör kulten?**

Blir ritualen till kult när en rörelse uppifrån och neråt åtminstone är inblandad? **Ett slags andningsrörelse mellan kosmos och jorden?**

I gamla kyrkliga mässor ligger tungvikten vid att be det gudomliga ner till jorden. Ett exempel är meningen: "Jag är inte värdig att du går in under mitt tak ... Men säg bara ett ord, så blir min själ frisk. Församlingsmedlemmen tar främst emot men upplyfter också sitt hjärta.

I Kristensamfundet tillkommer ytterligare ett element: "Vi lyfter vår själ till dig, o Kristus" – och med själen tanke, känsla och vilja. I högre grad har Rudolf Steiner fört in människans aktivitet i mässan, hennes rörelse mot den andliga världen. I offertoriet är andningens rörelse underbart balanserad.

Hur är det inom frimureriet? I de engelska, västliga logerna förekommer mestadels ingen åkallan. Möjligtvis kan det finnas en liten bön till Världens byggmästare eller rent av bara en försäkran om att man arbetar till hans ära. Här handlar det verkligen om ritualer. I de centraleuropeiska logerna som kallas Memphis-Misraim förekommer åkallan. Deltagarna inleder ett samtal med andliga väsen. I den här typen av frimureri används visserligen termerna rit och ritual i vardagligt tal från engelskan, men i strikt mening handlar det här om mysteriekulter. Det sker rörelser som i ett andande samtal. Hit hör också Misraim-Mikael-tjänsten som skapats av Rudolf Steiner och är helt tydligt en mysteriekult. **Kan jag sammanfatta begreppet mysteriekult genom att säga att det förbinder det eviga väsen som lever i materien respektive den fysiska kroppen med det eviga i anden?** Eller med andra ord: **som förbinder rum och tid med evigheten?** Förbinder jorden med himlen?

Vad exakt menas med **”substansen”** som kulten är förknippad med? Redan när jag talade om de verkligt existerande portarna i mysteriekulten berörde vi nästan denna fråga. Begreppet ledde oss först till att betrakta formkroppens rörelse som utgör substansens gestaltande kraft. Och själva substansen? Är den en avlagring av denna skapande kraft? Består den av partiklar, molekyler?

I dagligt tal använder vi termerna materia eller substans oftast omedvetet. Men begreppet är fyllt av idéer som kommer från vår vetenskapliga skolutbildning och medierna. I det avseendet är vi försatta i en ockult fångenskap, vår blick grumlas som genom glasögon som är dimmiga av fuktig ånga. Vi är fångade av uppfattningen att materia består av partiklar eller atomer. Är inte allt jag upplever som en partikel, som en osammanhängande bit, en illusion, en maya? Så länge jag tänker på atomen som en ihålig sfär med små kulor inuti som virvlar runt med visst avstånd till varandra, låter jag mitt synsinne gång på gång luras av illusionen. Min blick är så att säga fångad av den. **Hur ska jag kunna komma till ett annat sätt att se?** För just det jag *ser* verkar ju bevisat och helt solitt.

Medan jag skriver här känner jag ibland min hunds blick. Jag känner den som en spänning inom mig, som om något skulle dra mig. Jag kan avläsa hans vilja i min viljeanspänning. Han sitter då framför mig och ser på mig. Han ser inte på det han vill ha, utan han styr min blick från mitt inre till drickskålen, matskålen eller kopplet. Då dras min blick till dessa saker. Hans behov är inte så komplicerade och de är lätta att känna igen. Han befinner sig inte utanför mig och ropar något till mig. Han är förbunden med min vilja och ser genom mina ögon på det som önskas.

Och nu något mer subtilt: se ut över omgivningen och fokusera på olika färgintryck efter varandra, till exempel de blågröna kullarna i fjärran. På det viset förändras ditt sätt att vara närvarande i ditt pannchakra. Ett slags medvetandepunkt som normalt sitter mer i ögonen flyttas vid denna syn på ett avslappnat sätt längre bakåt.

Det friskt gröna trädet i trädgården precis utanför fönstret låter struphuvudets chakra slappna av, rätar ut axlarna, lyfter upp bröstbenet och låter dig andas.

Det vi ser är inte långt borta från oss, det har en förbindelse in till vår kropp. Mellanrummet är liksom fyllt av rörelsen hos det som ses, utgör sfären hos det vi ser. Med en solstråle blir det mycket tydligt: när en solstråle bryter igenom träden i skogen kan man se att hela dess väg är belyst. Man kan till och med stå i strålen och känna det ljusa och varma skimret. Det är ungefär så jag upplever denna sfäriska verklighet. Från det jag ser på går rörelsen fram till mig. Det jag ser som ett träd eller en kulle är väsendets *yttre gräns* där formen blir synlig. Men själva väsendet når likt solstrålen hela vägen fram till mig och genomtränger mig. Inte på ett diffust sätt, utan på ett visst ställe i kroppen. Det är därför jag just pekade på pann- respektive halschakrat i samband med de olika gröna nyanserna.

När jag på det viset ser på världen är jag inte längre slö, utan upplever att jag är vaken i min varseblivning. Att förnimma min omgivning väcker mitt medvetande.

Inom mig själv kan jag förskjuta mitt jag-medvetande med hjälp av gester, genom fysiska kroppsliga åtbörder. Gentemot andra kan jag bara företa en ny viktning av mitt medvetande till en sorts kärleksfull sympati. Jag kan inte finna ett mer passande uttryck för denna medvetenhetsrörelse utan yttre rörelse än ordet ”viktning”, även om det är ovanligt. Om du uppmärksammar ditt vänstra pekfinger känner du hur liv då strömmar dit. Om du sedan uppmärksammar bakhuvudet märker du att något anländer även där. Det som sker här är vad jag menar med ”ny viktning”. Gentemot andra kan jag alltså bara företa en ny viktning av mitt medvetande till en sorts *kärleksfull* sympati. Jag kan själsligt flytta vikten mot den andres yttre gräns, alltså det som hittills varit synligt. Kärleksfullt dyker jag ner i den upplevda rörelsen, i gestaltningen. Först upplever jag den klinga inom mig, så länge mitt jag-medvetande fortfarande är i min fysiska kropp, såsom i de upplevelser med kullarna och trädet som just beskrivits. Sedan kommer ögonblicket av utvidgad kärleksfullhet där hjärtat klingar med, där jag plötsligt är ett med väsendets mittpunkt och kan känna och uppleva utifrån den punkten.

Det är ingalunda något exotiskt, alla gör detta när de känner kärlek. Se hur ett förälskat par dyker ner i varandras ögon. Se hur hundägare när de möts inte alls pratar med varandra, utan utur sin hund. De är nedsänkta i honom med en strålande blick och korresponderar med varandra inifrån hunden. Eller se på mödrar med barn. De glömmer till och med att hälsa, är bara upptagna med att låta barnet sträcka fram handen och är sedan nöjda. De är med sin vilja helt och hållet nedsänkta i barnet. När jag beskriver hur det är att vara ett med mittpunkten hos den jag betraktar kan det kanske först låta som en speciell händelse, men det är något helt alldagligt när själslig förbundenhet eller kärlek råder.

Och nu måste jag bestämma mig om jag ska gå vägen till den andra så långsamt att jag hinner förnimma portögonblicket, övergångsmomentet. Att jag inte helt enkelt är hos mig själv och sedan direkt hos den andra, utan jag saktar ner i min rörelse tills jag upplever övergången. Jag går vägen en andra gång och fortsätter att sakta ner tills jag inte längre upplever övergången bara som ett ögonblick, utan redan i början av min rörelse upplever att den andra möter mig och ger sig tillkänna. Jag kan utvidga portögonblicket till att omfatta hela vägen. **Hela tiden på "vägen" kan jag hålla mig i balans, i jaget.**

Rörelsen är då inte längre driftstyrd, nyfiken eller kunskapssökande för *mig själv,* utan helt enkelt en kärleksfull rörelse som jag upplever som en aktivitet. **Då är det vägen som är porten. Och mitt sätt är ett beslut för *vägen*. Ett beslut för *jagets rörelse i kärlek*.** Anledningen – själva väsendet – behöver inte vara det avgörande, utan mitt beslut om att välja den kärleksfulla *vägen*. Då blir portögonblicket synligt för mig. Jaget blir synligt för mig i den sinnesaktivitet som är förknippad med detta sätt att se och jag rör mig i övergångarna.

Utifrån det inre hos det väsen som tidigare varit främmande för mig kan jag nu uppleva att det synliga orsakas av två olika strömmar: nämligen den som uppstår genom väsendets inre form och den som kommer emot den från omgivningen. Den inre formströmmen stöter mot omgivningsströmmen. Vad jag *ser* är alltså att de stöter och gnider mot varandra, att strömmarna rör sig mot varandra. Beroende på hur detta sker uppstår en bestämd färgrörelse. Egentligen är det strömmarnas rörelse jag varseblir när jag ser.

Illusionen med partiklarna får mig att tro att det handlar om något isolerat, något som existerar för sig självt. När jag frigör mig från illusionen ser jag trädet i viss mening som tidigare, men jag ser det inte längre så stelt – och jag ser ännu mycket mer. Och jag är inte längre fången, jag kan flytande förflytta min vikt till omgivningen.

Ja, men materien är inte bara synlig, den går också att gripa och känna på. **Gripbart är endast det vars existens utanför mig själv jag har fastställt i gripandets ögonblick.**

Om du håller en liten sten i handen kan du efter ett tag inte längre känna den, om den inte är alltför vass. När den har antagit din kroppstemperatur upplever du med ditt känselsinne inte längre var din hand slutar och var stenen börjar. I beröringens ögonblick måste du med ditt jag-medvetande flytta viktningen till din egen gräns, och det är normalt sett din hud. Det är på det viset du kan känna på någonting. Att något är gripbart är alltså ditt beslut som du när som helst kan omforma. När du sedan går till astralkroppens gräns kan du få helt andra förnimmelser än när du går till gränsen av din fysiska kropp. Du kan också lokalisera känselsinnet vid eterkroppens gräns där dina tankar formas. Beroende på från vilken inre rörelseriktning du kommer när du tar tag i något kan du få taktila upplevelser, kan be-*gripa* och få *begrepp* om något du ser. Samma föremål kan alltså uppfattas som en sten om du menar dess substans i motsats till växtriket, eller som en klippa om du menar formationen i landskapet. Omvänt leder redan existerande begrepp till en viss möjlighet att uppfatta, de bestämmer egentligen vår väg i det eteriska. Det beror alltså på vilken typ av begreppsbildning du har, om du kan se inom den andliga världen eller inte – och *vad* du kan se. **Det är begreppsbildningen som banar vägen.**

När jag till vardags *ser* ett träd bedömer jag det jag ser utifrån min persons erfarenhet. Jag associerar det jag ser med ett annat träd som jag tidigare har ”begripit” och rört vid, och jag bedömer hur det jag ser skulle kunna kännas: till exempel grovt, varmt, sprucket. Och genom mitt omdöme kan jag inte längre varsebli med mitt jag-medvetande. Väsendena som genomtränger mig dras då in i sfären av mitt själv och på så sätt in i det tröga där jaget är frånvarande.

Om jag däremot inte fäller något omdöme, utan går vägen genom portögonblicket som just beskrivits i samband med seendet, **kan jag känna inifrån på det främmande, kan begripa det inifrån.** På det sättet blir omgivningen allt ljusare, eftersom den genomsyras av det sanna jaget. Väsendena blir *imaginativt* synliga för mig enligt sin verkliga natur. *Inspirativt* kan jag i mitt inre till och med höra deras namn, eftersom jag tidigare i deras inre har förnummit namnets ljudrörelse genom färgerna och formerna. *Intuitivt* kan jaget genomtränga dem, Kristus genomsyrar naturen.

Den substans som är involverad i det kultiska kan alltså inte likställas med de små kulorna som håller avstånd till varandra, utan den består av strömmar som genomtränger varandra och blir synliga och hörbara när de möts. **Kulten innebär att plantera det andliga ljuset i materien. Den handlar om jagets kärleksfulla rörelse som offrar sig in i materien.**

Så som mysteriekulten nu visar sig för oss blir det tydligt hur de gamla, förkristna kulterna med sina magiska handlingar upphör i den här sortens kult. Viljan som vill inverka direkt på omvärlden eller andra väsen – det är ju det som magi innebär – hålls nu nämligen i portögonblicket tillbaka vid tröskeln och förvandlas till en mottagande vilja. **På det viset blir människans vilja till ett sinnesorgan i jagets kärleksfulla rörelse.**

På vilket sätt kan jag i det kultiska göra tydligt att den omvända viljan, som har blivit ett sinnesorgan, är förutsättningen för handlingarna? Sedan bygghyttornas tid har de som agerar inom mysteriekulten gjort rytmen som är kopplad till viljan hörbar i form av hammarslag. Den som står vid porten kan jag nu låta pröva om denna viljerytm andas med kosmos – det vill säga om den är en omvänd andning – genom att han inifrån knackar på dörren och slagen sedan besvaras utifrån. Med orden ”Rytmen kommer utifrån, åter från stjärnorna” förmedlar portvakten medvetandet till templet att det går att uppleva rytmen, viljan som ett svar från kosmos. Viljan ingriper inte direkt, utan står i ett andningsförhållande med kosmos genom jagets port. **Viljan är verksam som mottagare.** Den har blivit sinnesorgan.

Om jag vill vikta mig mot ett väsen som jag blivit varse, finns det en tröskel mellan mig och väsendet så länge jag lever utifrån vardagliga begrepp. Det är först när jag vänder mig till jagets port, det vill säga när jag skapar denna port genom att skapa jämvikt, som tröskeln försvinner och blir port. Då omger jag mig med och inhöljer mig i den andre. Vägen från den ena till den andra upphävs och blir till en port.

Om jag kan uppleva mig själv som jag i min mitt, i centrum av de sex nämnda världarna och komma till erfarenheten: ”jag är jag”, så ger mig varseblivningen av andra väsen inifrån upplevelsen: **”jag är du”.** Med denna upplevelse börjar kultiskt handlande i det mysterieflöde som har utvecklats genom bygghyttorna och frimureriet.

Innebär detta inte ett intrång i ett annat jag? Nå, det finns inga gränser för äkta kärlek. Inte kan jag kränka det andra väsendet genom att förnimma det inifrån. Det är ju bara med hjälp av det sanna jaget som jag verkligen kan förnimma det, inte när mitt själv är inblandat. Precis som i frågan om skuld dyker även här ondskans problem upp. Ondskan angriper alltid utifrån. Intrång och kränkning tar vägen via det yttre. Även om det "bara" är människans tankar som påverkas, handlar det från jagets port sett om utsidan. Sådant sker i eterkroppen, inte genom det sanna jagets mitt.

Där det sanna jaget är verksamt kan ondskan inte förbli ond, utan den förvandlas. Den sätts i rörelse av den inre balansen. Träskulpturen *Människorepresentanten* är ett exempel på detta. Om jag rör mig som en portvakt som ser till att porten alltid förblir upprest i portögonblicket, vandrar jag *genom* världen – jag *förvandlar* världen genom min förening med det sanna jaget och jag är ett med allt och alla i det sanna jaget. Ondskan *existerar* bara genom min oförmåga att förenas med den med hjälp av det sanna jaget.

På så sätt har varje väsen sitt eget *tillträde* till porten. Men det kan bara finnas *en enda* port för alla väsen och det är porten till det sanna jaget.

I och med denna ports beskaffenhet befinner jag mig i alla väsendens mittpunkt när jag står i porten.

Av de sex världarna, där det sanna jaget utgör mitten, har betraktelsen av sinnesvarseblivningarna lett oss till mitt-bildningen mellan den sinnligt-fysiska och den sinnligt-andliga världen. Denna jagets första mitt-bildning förlöser rummet.

Vid denna mitt-bildning behövs kraft för att inte ge sig hän åt de yttre intrycken, utan att alltid förnimma allting utifrån jämviktsperspektivet. För att påminna om denna första mitt-bildning, som blev synlig genom rörelsen i jagets förvandling, skulle man kunna ställa upp ett ljus i templet och kalla det **"Styrka".**

Den andra mitt-bildningen handlar om tiden. Ligger den mellan det förflutna och framtiden? Men "mellan" är återigen en felaktig vardaglig term som döljer den egentliga processen. Det finns inget emellan, utan en mitt där jag varken befinner mig i det förflutna eller i framtiden, nämligen nuet. Även om tanken skulle reducera det till en sekund är det som med pennspetsen: varje punkt som uppenbaras utgör en yta. På samma sätt är varje nutid som kan beskrivas linjärt i själva verket en tidslängd. **Måste jag alltså betrakta nuet som en oändligt kort tidpunkt?**

Även den minsta rörelse innebär tid. Kan jag då bara komma fram till denna oändligt korta tid i nuet om jag utelämnar mer och mer rörelse? Är det bara i orörligheten som jag kan hitta det oändligt korta nuet? På vägen till det oändligt korta nuet blir allt omkring mig orörligt och hårt. Jag blir som isolerad. Det oändligt korta nuet leder mig till isolering från alla andra väsen. Att uppleva det oändligt korta nuet, om än bara tillnärmelsevis, är höjden av egoism och själviskhet. Samtidigt innebär det den största möjliga vakenhet hos vårt själv: inget annat väsen tar det i anspråk.

Mötet med andra väsen behöver tid. Det kan ske utan rumslighet, men inte utan tid. Väsendet utvecklas i rörelse. Följaktligen är rörelselöshet också väsenslöshet. Jag upplever en hänvisning till Rudolf Steiners mantra ”Stumhet blir talande”[17] som slutar med orden: ”Jag är – jag – skaparordet vilar i mig; väsenslösheten skapar det som gräns åt sig själv. Aum.” Där väsenslösheten skulle vara, skulle jaget upphöra och det isolerade självet skulle få sin höjdpunkt.

När självet ännu inte var så vaket, *drömde* man fortfarande till hälften in i det förflutna och till hälften in i framtiden. Å ena sidan klamrade man sig fast vid Fadergudens gudomliga lagar som man inom religionen – i återanknytningen – lutade sig mot det förflutna, mot skapelsens början. Å andra sidan upplevde man hur ens

---

[17] Rudolf Steiner, GA 265, sid 168

gärningar inverkade på det framtida mötet med Gud, då han sitter till doms över själen. Tidslinjens oändligt avlägsna punkter från det förflutna till framtiden möttes för människorna i den ”oändligt avlägsna” Faderguden. Man var mer eller mindre drömmande utsträckt mellan dessa oändligt avlägsna punkter vars ena ände man betraktade som skapelsens början medan den andra änden sågs som ett slags dom. Tidigare sammanföll båda ändar i en och samma Fadergud.

Med Lucifers hjälp arbetade mysterierna för att människan mer och mer skulle kunna begripa nuets ögonblick. Självet behövde vakna upp i full blomstring för att tidens mitt-bildning inte bara skulle åstadkommas i den ”oändligt avlägsna” Fadergud som står över människan, utan också ägde rum *i* människan. Lucifers hjälp behövdes därför att självets illusion var nödvändig för att kunna se materian utan rörelse, utan något väsen. Därmed skapades emellertid en upplevelse av isolering, av fullständig ensamhet.[18]

Det finns dock en möjlighet att ta sig ur den nuvarande isoleringen genom att jag vänder riktningen på mina känslor. Att uppleva den linjära tidsaxeln som flyter från det förflutna till framtiden, där jag bara är en punkt mellan *big bang* och den framtida mänskligheten,

---

[18] Se Rudolf Steiners utkast till en inre dialog med Lucifer i GA 265, sid 206

skulle innebära att tänka abstrakt. Därför beskriver jag här utifrån känslan. Förr fanns den drömmande benägenheten till skapelsens början i det förflutna och den drömmande benägenheten till yttersta domen i framtiden. Om jag var i stånd att förnimma det oändligt korta nuet och vakna upp som ett själv, kan jag vända dessa strömmar tillsammans med min känsla. Jag behöver ett slags fäste i tidens strömmar och detta fäste, detta ögonblick av uppvaknande har jag skapat för mig själv tack vare Lucifer och självets illusion. Det som uppstår i denna väsenslöshet är en sorts stillhet. Stillheten skapar en sugande kraft, en kallelse som får tidens strömmar att flyta åt andra hållet. Jag drömmer då inte längre utifrån mitt själv i det att det söker i riktning mot det förflutna och framtiden, utan det förflutnas ström kommer i stället från urbegynnelsen och formar nuets ögonblick på samma sätt som framtidens ström som flödar mot mig från människoväsendets fulla utveckling. **Jag kan uppleva nuet som en sammanflätning av det förflutna och framtiden.**

Det är de två strömmarnas sammanflätning som *gestaltar* nuet. Med tilltagande förmåga att varsebli kan jag förstå de former som uppstår genom sammanflätningen. Jag kan förstå dem som ”öde”. Formernas rörelse och lagbundenhet blir alltmer synliga för mig. Jag börjar förstå vad som kallas karma.

Genom att uppleva med hjälp av känslan blir min varseblivning mer och mer omfattande. Snart omfattar den gårdagen och morgondagen, slutligen den senaste inkarnationen och den kommande som redan här och nu bildar frö och kommer emot mig. Jag ser till att inte lämna den punkt där jag är medveten om sammanflätningen, där mitt-bildningen sker. Jag börjar alltmer att lyfta min känsla till andliga förlopp, deras lagbundenheter och rytmer. När jag upplever dessa andliga lagar sänker sig Fadergudens medvetande in i mitt medvetande. När jag förstår ansvaret för den jordmån i vilken framtiden kan lägga sina frön och när jag ser frihetsögonblickets möjlighet att gestalta, upplever jag Kristus.

Ju mer jag ”lyfter” från den linjära strömmen från det förflutna till framtiden desto mer känns det som om jag samtidigt ökar min förmåga att varsebli karmalagar: överblicken blir större och större. Jag överskådar genom ökat medvetande. Men trots lyftet förblir jag i mitt-bildningens punkt där det förflutna och framtiden sammansmälter. Jag drar punkten med mig upp i höjden.

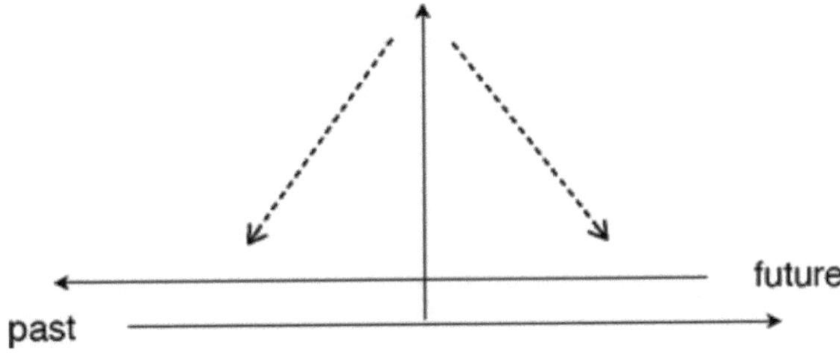

Jag är fortfarande den som i sitt medvetande bevarar – och ser sanningen i – de former som uppstår genom sammanflätningen av det förflutna och framtiden. Och genom att hålla mig kvar i mitten skapar jag en samtidighet av det förflutna och framtiden. De hålls inte utanför på samma sätt som i det oändligt korta nuet. **Det uppstår en samtidighetens nutid.**

Samtidigheten är tidlös. Den leder bort från den linjära tidsuppfattningen om en början och ett slut. Simultanitet är både början och slut, Alfa och Omega. I Johannes Uppenbarelse säger Kristus om sig själv när han har byggt upp sitt *eviga rike:* "Jag är A och O, den förste och den siste, början och slutet."[19] På det viset lyfter han sig ur det linjära tidsförloppet. I samtidigheten ser jag inte väsendena isolerade från varandra, utan jag ser dem alla

[19] Upp. 22:13

förbundna med den urbegynnelsen, där alla väsen fortfarande är ett med Gud, och samtidigt ser jag dem i deras fulla utveckling, i ett förhärligande av Guds skapelse.

Helhetssynen, översikten är inte någon distanserad kall handling. Mitt hjärta är huvudet på en **passare**. Och mitt hjärtas intresse avgör hur mycket jag kan öppna passaren och hur mycket jag kan omfatta med dess skänklar. Det som visar sig för mig i översikten är förvandlingens rörelse hos ett väsen genom tiden. Utrymmet mellan mig och denna observerade rörelse är då inte tomt. I mitt medvetande ser jag inte rörelsen som skild från mig, utan som min sfär. Det är samma process som redan beskrevs i samband med första mitt-bildningen. Det betraktade väsendets förvandlingsrörelse ger en resonans i mig. Men till skillnad mot första mitt-bildningen får översikten iakttagelsen nu karaktären av en uppenbarelse.

I sådan översikt *omhöljer* samtidigheten i form av mitt-bildning det väsen som varseblivits. Samtidigheten omfattar den upplevda rörelsemöjligheten.

Lika paradoxalt som det verkade vara för det vardagliga tänkandet att jag med min mitt samtidigt befinner mig i alla väsendenas mitt, lika paradoxalt förefaller det nu att jag med **nuets mitt-bildning i samtidigheten befinner mig i väsendenas periferi.**

Och genom att i min överblick som uppstått genom mitt hjärtas intresse kärleksfullt omfamna väsendet, genom att låta alla dessa omvandlingsstadier blomma upp, dess omvandlingsrörelse, bildar jag i mitt medvetande en stjärnhimmel runt omkring väsendet jag betraktar. Mitt medvetande om dess omvandlingsstadier framstår för väsendet som djurkrets. Var har en sfär sin början och sitt slut? I nuets samtidighet bildar jag i periferins mittpunkt en evighet åt de betraktade väsendena.

Jag anar att **människan bär väsendenas alla förvandlingsstadier inom sig.**

Jag förlöser rummets illusion genom att uppleva väsendenas förvandlingsrörelse (första mitt-bildning). **Jag förlöser tidens illusion genom att göra väsendenas alla förvandlingsstadier *synliga*** (andra mitt-bildningen).

På det viset verkar rum och tid vara felaktigt uppfattade i vardagen bara därför att de är isolerade. Tiden i rummet, rummet i tiden – om jag upplever dem på det viset, upplever dem på rätt sätt förenade med varandra i stället för att bara se dem isolerade, får de åter liv.

Om jag vill uppleva den första mitt-bildningen synligt, där jag i portögonblicket begav mig till medelpunktens djup, ser jag imaginativt framför mig **lodet** (I), det verktyg som används inom muraryrket.

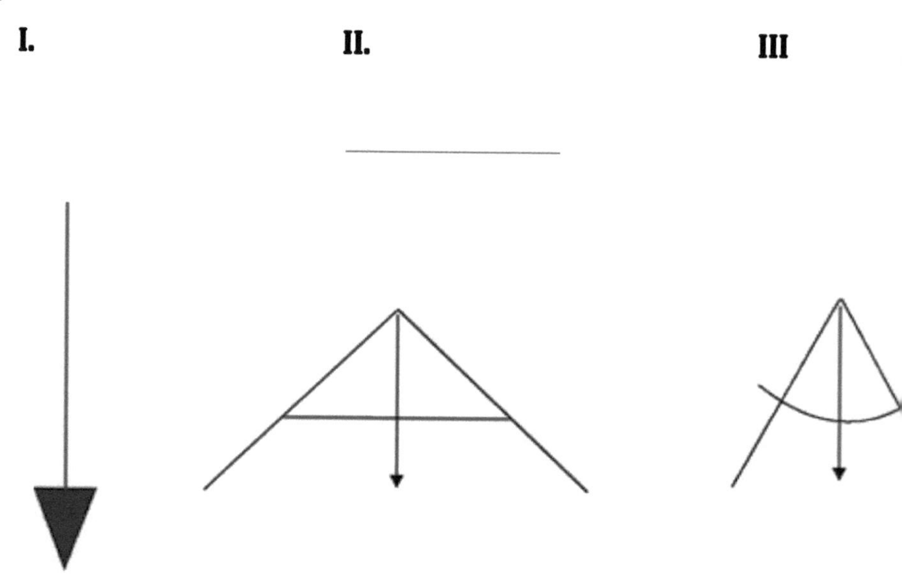

Om jag vill uppleva den andra mitt-bildningen, som handlar om översikten i samtidigheten, ser jag ett annat murarverktyg framför mig, nämligen **vinkelhaken** (II). Vinkelhaken skulle jag hellre se som en passare, eftersom vinkelhaken har en fast vinkel. Min **passare** (III) gör det möjligt att bestämma vinkeln på olika sätt beroende på hjärtats intresse. Den ser ut som en vanlig passare men har ett lod som är fäst i passarens huvud och hänger ner exakt i mitten när skänklarna står på samma plan.

Dessa verktyg lever som symboler inom frimurarkulten. Jag skulle vilja gå närmare in på begreppet **"symbol"** så att det inte bara fylls av föreställningar.

Ska symbolerna ge impulser till tankar hos deltagarna i en mysteriekult? På 1700- och 1800-talen skulle de det. Då användes symboler för att stimulera tankar som stämmer överens med kosmiska lagar. Murarens verktyg var som gjorda för detta, eftersom de utgjorde grundvalen för en färdighet som skapar arkitektoniska höljen enligt jordens lagar om tyngdkraft och lätthet. Med verktygens hjälp kunde man skola tänkandet, synliggöra jordens lagar och kontrollera att tankarna var korrekta. Så till exempel innebär vinkelhaken att vi möts på samma plan, att vi inte glömmer vår uppresthet. Sådana förklaringar för tankeskolning var vanliga på 1700- och 1800-talen.

Är symboler också magiska föremål som påverkar omedvetet? Det är de ifall jag bara använder dem som dekoration. Då inverkar de på mitt undermedvetna, precis som till exempel en lerfärgad vägg i den italienska restaurangen stimulerar min aptit. Med sin genialiska kunskap om människornas omedvetna reaktioner försöker den moderna reklamen nuförtiden att påverka mig i varje hörn av staden. Därför bör man inte ha någon symbol i rummet som inte gång på gång tas upp i medvetandet. Om jag till exempel ställer en röd och en blå pelare vid ingången leder det definitivt till slöhet om jag helt enkelt bara går emellan dem då de någon gång ansågs utgöra en lämplig ingång. Varje gång på nytt bör jag uppleva dem och lyfta upp dem till mitt medvetande. I ett kultiskt rum bör endast symboler förekomma som är kopplade till en medveten handling.

Ja, det behövs ännu mer för att skydda mysteriekulten. Varje symbol bör ha en människa som identifierar sig med den. Symbolen får inte bara ligga någonstans i templet och anses vara magiskt laddad, precis som den inte får användas för att stimulera tänkandet. Hur välmenat det än är så saknar symbolen ändå jaget om inte något jag förbinder sig till den. Och den får då en helt annan verkan än vad man ursprungligen hoppats på och tänkt. Att bara hänga upp de apokalyptiska sigillen och tro att rummet nu är kultiskt skyddat skapar inget medvetande. Genom att någon som agerar i kulten identifierar sig med symbolen kan den uppfattas med jag-sinnet. Rudolf Steiner beskriver att den kosmiska intelligensen, de kosmiska tankekrafterna år 333 övergick från formens andar (Exusiai) till personlighetens andar (Arkai).[20] Medan formerna förr i tiden gav levande tankar, så förblir deras verkan i dag omedveten om de inte genomsyras av människans självständiga tankeverksamhet i förening med Arkai. Att helt enkelt fylla rummet med symboler och hoppas att de ska ha en verkan – innebär det inte rent av att förbinda sig med de *retarderade* form-andarnas krafter? Är det inte ett nödvändigt steg att inte bara varsebli den yttre formen, utan att jag-sinnet blir verksamt i ande-erinrandet, alltså *i* formen varseblir jag-begåvad ande?

Har symbolerna en skyddande funktion för de rituella handlingarna? I de katolska och ortodoxa kyrkorna används korstecknet ofta på det viset. Man gör korstecknet med handen framför bröstet för att skydda sig mot onda krafter. Kan mysteriekulten verkligen handla om avgränsning? Mitt-bildningarna visar sig ju vara det väsentliga elementet. När Rudolf Steiner skriver Mikaels tecken över ett mantra som har förråtts, handlar det då verkligen om skydd i betydelsen av att hålla något på avstånd, att avvärja något? Med formen, med symbolen kan

---

[20] Jfr. Rudolf Steiner, GA 222, föredragen 16 och 17 mars 1923

Mikaels förstärkta närvaro i de nedskrivna orden möjliggöras. Skydd kan uppnås inte genom att avvisa något, utan genom att förstärka det *väsentliga.* Till det räknas då också Mikaels tecken som utförs med hjälp av formkroppen: Mikael kan starkare närvara i rummet, ända ner i klassförmedlarens formkropp.

Illustrerar symbolerna det som talas? I så fall skulle man använda dem för ett syfte, nämligen för att illustrera. Detta strider mot den första mitt-bildningen och skulle gå i riktning mot det ornamentala som vi just diskuterat.

Eller är symboler verk i betydelsen konstverk? Konst ja, strikt sett handlar de om klädeskonst ifall jag med det ordet får sammanfatta alla de konstarter som formar människans kropp. Hit hör skrädderiet på samma sätt som arkitektur som utformar människans mer perifera klädnader.

Utgör symbolerna klädnader för vår kropp? Till att börja med bildar symbolerna en klädnad för ett väsen som är ett med formen, med symbolens rörelse. Till exempel symboliserar det nämnda lodet den uppresta rörelsen som är förankrad i medelpunkten. Eller pentagrammet: det symboliserar människan som ett jag som balanserar mellan handlingar och ståndpunkter och därmed hänvisar till Mikaels verksamhet. Med tanke på formprocessens verksamhet hos människan kan man kalla symbolen för väsendets synliga imagination. Och i den mån jag under den kultiska handlingen kan identifiera mig med detta väsen, formar symbolen också min kropp. Genom identifikationen antar min formkropp samma gestalt som det väsen jag identifierar mig med. Det är en kärleksfull viljeprocess.

På det viset inleds en ny process. Genom antroposofin kan jag i dag förvärva förmågan att levandegöra redan existerande symboler, till exempel Högskolans Mikaeltecken. Och jag kan på nytt skapa symboler av rörelserna hos andliga väsen. Det handlar om ett **nytt symboliserande,** där jag tar vägen via kunskap. Vår utläggning av lodet och passaren är exempel på ett sådant symboliserande: med hjälp av sinnesvarseblivningen kommer jag till rörelseprocesserna och till formprocesserna som präglar det som varseblivits. Och likt en skräddare som arbetar imaginativt betraktar jag i mitt inre symbolen i dessa processer som väsendets klädnad och kan genom bildkonst – färg- och formrörelse eller skulptur – synliggöra den. Det är väsendets rörelsesfär som omfattar väsendets hela rörelse och metamorfos eller uttrycker dem utifrån väsendets synvinkel, den sfär som gestaltar och genomströmmar väsendet. Väsensdragen i denna sfär imagineras. Ju mer *väsentlig,* desto högre är den skapade symbolen. Genom detta sätt att gestalta är symbolen ett väsens lekamen som skapats i renhet av människan. I detta skapelseögonblick planteras i mitt medvetande ett frö från framtiden, från väsendets fullständiga utveckling som redan är närvarande i formprocessen. Man kan alltså ana att de symboler som jaget bildat genom imagination förbereder framtida jordtillstånd.

Kan symbolen ha olika kvaliteter? Kanske beroende på graden av intuition? En gyllene skiva som symbol för solen visar mer den astrala aspekten. En sol med livgivande strålar visar den eteriska aspekten. En cirkel med en punkt i mitten visar solens mer kosmiska rörelse, andningen mellan centrum och periferi, formkroppens aspekt. Det nya symboliserandet behöver alltså inte nödvändigtvis nya symboler, utan ett nytt och annorlunda sätt att hantera dem. Det är inte föremålet, utan en färgkvalitet, en rörelsekvalitet, en geometrisk kvalitet som blir synlig utifrån väsendet som varseblivits. Detta kräver konst.

När Rudolf Steiner pekar på hierarkiernas kroppar gör han klart att de inte är begränsade till en enskild kropp, som vi människor, utan att deras kropp består av en *kvalitet*: ”i det strömmande och rinnande vattnet, i vattnet som löser upp sig i ånga …"[21] och så vidare.

Att se svärdet som en symbol för Kerubim skulle motsvara det gamla sättet att förstå en symbol. Att lyfta upp sinnesvarseblivningen ur det personliga så att jag känner igen Kerubims rörelse i de ljusblixtar som urladdas på jorden, gör att jag åter kan ta tag i svärdet som en symbol. Men den som celebrerar, håller i svärdet och kanske stoltserar med det i ett tempel är inte därmed en kerubinkropp. En kerubinsk *kvalitet* kan inte bli synlig förrän svärdet riktas mot marken med en kvalitet som motsvarar det andliga ljusets urladdning. Inte heller själva blixten kan då utgöra Kerubins kropp, utan *kvaliteten* på det andliga ljus som kommer ur de förtätade molnen och laddar ur sig mot jorden. Kan en sådan kvalitet vara något isolerat? Uppstår den inte i väsendet för att det berörs av något? För att den är mitt i en rörelse mot något annat, i en övergång, i en aktivitet? Den som symboliserar på det nya sättet inser att han eller hon inte kan få sin betydelse som enskild person, utan att relationer behövs. Som grundval för en kerubinsk kvalitet behövs de tätnande molnen. Hur kan detta bli synligt? Den som förkroppsligar ljusets kraft skrider genom templets centrala mitt där ljusens tre egenskaper vishet, skönhet

[21] Rudolf Steiner, GA 110, föredrag 15 april 1909

och styrka har ”förtätats”. Om svärdet sedan riktas nedåt kan ljuset tändas där för den kultiska handlingen. Men kan det finnas en kerubinsk kvalitet utan en serafisk? Behöver inte en annan celebrant som motvikt rikta ett vågigt flammande svärd serafiskt uppåt för att symbolisera hettans rörelsekvalitet?

Den som känner till Högskolans timmar kan alltså ana på vilket sätt Rudolf Steiner med meditationerna förberedde kultiska handlingar som sedan kan utföras i djup intuition.

Symboler gör det möjligt att se klart på högre medvetenhetsplan utan att förlora kontakten med jordens gestaltande kraft.

Symboler uppstår genom skapande insikt, **en insikt som samtidigt är verksam i jorden genom att bilda frön.** I den skapande verksamheten bär insikten inom sig en vilja till moraliskt ansvar, eftersom den lär känna väsendet på ett omfattande sätt. Endast om man aldrig har böjt sig i djup vördnad inför ett groende frö där den första hierarkin ur ett förtätat frö sträcker ner sin rot i jorden med kerubinsk kraft och sedan i en serafiskt vävande värmerörelse riktar sin grodd mot ljuset, kommer man att betrakta det som arrogans att vi ska kunna uppnå så höga kunskapsgrader. Det nya, tidsenliga symboliserandet innebär skapande ansvar för jorden. Det skapande ansvaret utbildar **samvetets** kvalitet.

I mysteriekulten finns det en celebrant (I) som ger impulser för samvetets framtidsinriktade verksamhet, symboliserandet, eller, med andra ord, leder in i symbolernas formprocesser. Celebranten leder en instruktionsmeditation av samma slag som Misraim-tjänstens symboler som Rudolf Steiner gav, nämligen rosenkorset, trekanten och ceremonistaven.[22]

Det framtidsorienterade samvetet behöver en motpart (II) som ansvarar för minnets verksamhet och under det kultiska arbetet upprätthåller förbindelsen till urbegynnelsen.

I mitten mellan de båda celebranterna står Österns mästare (III) som genom sin närvaro bekräftar samtidigheten hos dessa två krafter. På detta sätt skapar de tre celebranterna samtidighetens mitt-bildning, medan Österns mästare håller rummets mitt-bildning ”samtidigt” med de två tillsyningsmännen som tillsammans med honom bildar solens bana. På så sätt uppstår det i Österns mästare ett altare där inte bara Bibeln som Ordets minne och svärdet som framtidens ljusstråle förenas, utan också vinkel och passare som symboler som pekar mot rummets mittpunkt.

---

[22] Se Rudolf Steiner, GA 119, föredrag 28 mars 1910

Men låt oss gå vidare till mitt-bildningen mellan det förflutna och framtiden. Inte bara genom celebranternas olika uppgifter, utan också genom replikskiftets tidsförlopp framgår det tydligt att man lämnar den linjära vardagstiden. Frågan ställs: "Vad är klockan?" Svaret lyder: **"Högmiddag"**.

Svaret varierar i de olika graderna i Misraim-Logen, men alltid handlar det om ett svar som står i samband med solens bana. Det skapas alltså en tidsmässig förbindelse med solens lopp och deltagaren lyfts från vardagens tid upp till den så kallade "heliga tiden". Begreppet "högmiddag" riktar medvetandet på den tidens mitt-bildning.

Varför betonas just solens gång så starkt? Solens dagliga rytmiska uppenbarelse påminner oss ständigt på tidens gång. Och genom sin rörelse gestaltar solen rummet i tiden: den rör sig horisontellt under årsloppet och vertikalt över zenit under dygnsloppet. Symboliskt sett sätter den en krona på jorden. Som ikon skulle jag kunna måla Kristus som kröner Maria.

Om jag bara ser på den gyllene skivan på middagshimlen och tror att detta *är* solen befinner jag mig i en illusion. På det viset ser jag inte mer än en aspekt av solens väsen framför mig. **Jag kan bara förstå dess väsen om jag blir varse dess rörelse från ett**

förvandlingsstadium till ett annat. Först när jag överskådar solens alla förvandlingsstadier samtidigt framstår för mig dess sanna väsen.

På vilket sätt kan jag varsebli alla dessa förvandlingar, dessa rörelser?

Eftersom kulten inte arbetar med föreställningar, framstår solens gång – liksom den port som beskrevs i början – som verklig, fysisk och för var och en synlig gestaltning: ett slags dramatisk konst.

I sitt sätt att synliggöra väsendet eller, med andra ord, att plantera andens ljus i materien är mysteriekulten helt och hållet konstnärlig. Materien hjälper alla deltagare att genom sinnesvarseblivningen medvetet fokusera på samma skeende och inte att bara sitta bredvid varandra och med medvetandet stanna kvar i olika sfärer.

Solens gång och dess olika förvandlingsstadier fördelas alltså på olika människor. Det finns en representant för solens uppgång (öst), en för solen vid middagstid (syd) och en för solens nedgång (väst) ifall ritualen är inriktad enligt dygnets lopp. Eller så finns det en representant för solens uppgång och två för solens nedgång, i nordväst respektive sydväst, som understryker solens gång från vintersolståndet till sommarsolståndet, det vill säga årets lopp.[23]

En representant för ett av solens förvandlingsstadier vidarebefordrar nu frågor till nästa representant, så att solens rörelse blir synlig och hörbar i rummet. Samtidigt betonar varje representant sin egen speciella aspekt av solens gång genom ordens intonering och innehåll. Det handlar om en dramatisk konst där man inte står för något, utan *är* något.

Kan det finnas åskådare vid mysteriekultens handlingar? De skulle ju då stå utanför skeendet, utanför väsendena. Alla bör med samma aktivitet befinna sig inom samma sfär. På det viset står alla deltagare i en relation till representanterna. Var och en som sitter i templet är genom sin plats tilldelad en av representanterna. I frimurarkulten förekommer den så kallade "prövningen" då tillsyningsmännen skrider förbi sina kolonner. Kärleksfullt uppfattat och på motsvarande sätt utfört innebär det att ställa sig mitt emot den andra och upprättar ögonkontakt: en hälsning och en bekräftelse av att man arbetar på samma ort. Det är en själfull process där var och en får sin plats i solens lopp.

---

[23] För dem som känner till frimureriet kan här påminnas om betydelsen av de två Johannesgraderna.

Med bygget av det första Goetheanum ville Rudolf Steiner skapa ett tempel för *hela* människan. Han arbetade med denna samtidighet. Den dramatiska ceremoni som är bruklig i logerna överförde han till arkitekturen. I pelarnas, arkitravernas och kapitälens förvandlingsstadier har vi det sanna människoväsendets synliga samtidighet. Också den centrala skulpturen, Mänsklighetsrepresentanten, kan man förstå utifrån en helt annan aspekt genom att synliggöra dess förvandlingsstadier. Har Rudolf Steiners byggnadsimpuls sitt ursprung i en kultisk handling, i behovet av att *på ett sant sätt* synliggöra väsen?

Av Rudolf Steiners frimurartexter har åkallan av **Forntidens bröder** publicerats.[24] Än i dag börjar varje åkallan i Misraim-Mikael-tjänsten med dessa ord. Blicken som i vardagen var riktad *mot* det förflutna och framtiden vänds i åkallan, så att strömmarna *från* det förflutna och framtiden kommer mot den som agerar.

Det arbete som Forntidens bröder utförde verkar inom oss genom att bli till vår vishet. Och från de Framtidens bröder som i sin vilja bär byggets plan går impulsen för bildandet av deras kroppar som kraft och styrka redan nu in i våra lemmar.

---

[24] Rudolf Steiner, GA 265, sid 158, 449f

Det åkallas även Nutidens bröder som är visare än vi. Deras vishet ska lysa in i våra själar, så att vi kan uppenbara deras gudomliga tankar. **Det är i nutiden som kontakten med Gud upprätthålls.**

Samtidighetens närvaro utvidgas till *sinnesnärvaro*. Sinnesnärvaron – som egentligen är en ande-närvaro – har karaktären av uppenbarelse: det är jag som håller mitten mellan det förflutna och framtiden, men uppenbarelsen kommer till mig från Gud och ska förnimmas i mig. När sinnesnärvaron bärs ända in i viljan kan den verka ända in i kroppen, i materien. Dess rörelse är uppifrån och ner förhärligas i kroppen, i materien. Här är det människan som är konstnären.

Om denna åkallan sker genom tre olika celebranter, till exempel av Minnets och Samvetets celebranter samt Mästaren i öst, vilka står bredvid varandra med var sin gest för det förflutna, framtiden respektive nuet, då framträder **sinnesnärvaron synligt.**

Låt oss komma ihåg vad som sker när vi ser. Det synliga är den gemensamma sfärens yttre gräns. På så sätt skapar jag redan genom det synliga i kulten *utrymme* för andliga väsen.

I mitt-bildningen mellan det förflutna och framtiden tillkommer varseblivningen av väsendenas förvandling i tiden. Det är inte genom distans som rummet får ett djup, utan genom att anden uppenbaras.

Genom att skapa samtidighet fick tiden ett rumsperspektiv.

Genom att skapa synlig sinnesnärvaro får rummet ett tidsperspektiv.

På så sätt vävs rum och tid samman på nytt genom det mänskliga jagets skapande.

I dag simuleras tidsperspektivet också av datorer. Det finns appar, små datorprogram för underhållning, som nästan perfekt kan få en persons foto att föryngras eller att åldras. Det visar att det även här finns en möjlighet att genomföra tidens förvandling till ett slags erfarenhet, jämförbar med perspektivseendet. Men det innebär inte på långt när någon sinnesnärvaro. Erfarenheten öppnar inte ett annat väsen, är inte någon jag-verksamhet. **Hur kommer jag fram till ett sinnesnärvaros tidsperspektiv?**

Och hur kan jag upprätthålla sinnesnärvaron i varje ögonblick av min strävan efter kunskap om förvandlingsstadierna? Hur kan jag förbli kärleksfullt verksam och vaken i jaget? Jo, med mina själskrafter. **Under kunskapsakten ägnar jag mig i mitt hjärta åt relationen till anden.**

Hur går detta till? När jag betraktar en växt är det relativt lätt att se förvandlingsstadierna: rot, sedan grovt blad, fint blad, foderbladen, blomma och slutligen fröet. Men det är ännu ingen varseblivning utifrån hjärtat, utan en yttre indelning. Hur kan jag utifrån mitt hjärta skapa relationer till det jag varseblir?

Sådana relationer uppstår när jag upprätthåller den första mitt-bildningen som vi har genomfört i och med portögonblicket. Den andra mitt-bildningen, den mellan det förflutna och framtiden, bör inte genomföras utan den första.

Jag förvandlas till ett frö och upplever inifrån *hur* elementet vatten verkar. *Hur* det gör för att jag ska breda ut mig som frö och utvecklas. Jag går in i rötterna och upplever inifrån *hur* deras former uppstår genom att de suger upp vatten med vågformad kvalitet och vågorna blir vinklade på grund av jordens gravitation: det sugs och det pressas.

Vem är det som suger? När solen skiner drar växten upp mer vatten. Likaså när växtligheten får en skjuts vid fullmåne och nymåne. Växten drar också mer vatten på våren och sommaren. Hör deras väsen som reglerar dessa processer hemma i de planetariska sfärer där dessa rytmer har sitt ursprung?

Jag går in i bladet och upplever hur vattnet rinner igenom och vill avdunsta i luften, men hur denna rörelse motverkas av att bladen suger upp ljus. Former breder ut sig ovanför marken som ett andra skikt av ljus-luft-vatten-jord. Vilket ljus är det som absorberas? Alla blad ser inte ut som palmer som präglas av solljuset och breder spiralformat ut sina bladvippor enligt solens rörelse. De mest varierande formerna uppstår bara därför att bladet dras ut ur stammen på ett visst ställe: ett slags geometrisk rytm. Men alla former motsvarar planeternas rörelser. Och när jag återigen frågar efter det väsen som reglerar dessa processer, riktar sig min uppmärksamhet mot planetsfärerna.

Jag går in i blomman och upplever *hur* den stigande vätskan kommer till en slutpunkt och öppnar en kalk mot ljuset. Jag förnimmer *hur* ljusets formkrafter sänker sig ner i kalken och trollar fram kronblad som likt eteriska blommande kristaller är ännu renare genomsyrade av planetarisk geometri än de vätskefyllda gröna bladen. Och återigen lyser väsendet som reglerar detta ner från planetsfärerna.

Nu har jag fått en *relation* till växtens väsen genom mitt intresse för *övergångarna* i växtens formande strömmar. Växtens gestaltningskraft visade sig tydligt som ett *geometriskt* skeende som måste härröra från ett *rytmiskt* skeende i planetsfärerna – som all geometri. I vad mån var detta själfullt? Jag rör mig i mitt hjärtas sfär när jag kärleksfullt förnimmer min omgivning. Det är det som så att säga utgör det själfulla. I denna omgivning ingår också relationen till anden som får mig att ställa frågan: Vilket väsen reglerar dessa processer? Och svaret är redan verksamt i den frågan som fortsatt låter mig kärleksfullt röra mig i väsendet. På så sätt blir övergångarna synliga. Jag kan varsebli och aktivt vara med och forma övergångarna, eftersom jag steg för steg förbinder mig med väsendet som rör sig genom övergångarna.

Förvandlingsstadier som synliggörs i samtidigheten visar i sina *övergångar* rörelser genom vilka jag kan uppleva det andliga väsendet i dess rytm.

Det visar *hur* väsendet rör sig.

Därför är **rytmer** av stor betydelse i det mysteriekultiska arbetet. De görs hörbara med hjälp av hammarslag och även genom musik. I förkristna mysterier användes rytmiska sånger och rytmisk instrumentalmusik för att försätta dem som skulle invigas i ett tillstånd som är önskvärt för handlingen. På den tiden skedde detta inte genom medveten insikt. Hur går jag tidsenligt tillväga på ett modernt sätt för att inte genom rytmen omedvetet dras in i ett väsens sfär? Om jag har förstått att det tidsenliga består i jagets vakenhet, skulle jag först behöva uppleva väsendet med mitt jag-medvetande, förstå dess rytm och först därefter utföra rytmen. Med hjälp av rytmen bildar jag en sfär som gör att väsendet hörbart kan närvara i det kultiska rummet.

I detta avseende är det tveksamt om det i en tidsenlig mysteriekult är lämpligt att sprida en trevlig broderlig stämning med en trevlig liten sång, även om den är skriven av en berömdhet som Mozart. Kanske behöver jag snarare utifrån mitt jag genom inspiration och intuition förstå rytmen hos väsendet i fråga och sedan fysiskt skapa den ända fram till själva musikstycket. En stämningsfull musik eller en sång leder genom sin rytm omedvetet till en sfär som sannolikt inte sammanfaller med det väsen som kulten ska gestaltas för. Förnimmer jag en rytm befinner jag mig oundvikligen i dess sfär. Försök bara att inte ryckas med i en vals och samtidigt inombords upprätthålla en fyrtakt! Om jag alltså bemödar mig att bygga ett tempel för ett väsen, bör alla förekommande rytmer, även de från musikstycken, byggas på rytmen hos det skönjda väsendet, så att den kultiska handlingen verkligen bara sker inom detta väsen.

Om du lyssnar på olika rytmer och känner dem i din kropp kan du lägga märke till att varje rytm leder dig till en annan plats. Rytmen bildar ett slags säte för medvetandet i din kropp: valstakten leder till hjärtregionen, marschtakten till benen, jazzrytmer till ett ställe ungefär femton centimeter bakom nacken samtidig som huvudet släpper taget. Det franska språkets rytm befinner sig tre centimeter ovanför nästippen med rörelse uppåt, det svenska språkets rytm ovanför gommen, högt som lysande ljus på huvudet, och så vidare. Det är en glädje att observera hur rytmen formar medvetandets säte.

Ett annat exempel från vardagen. I Sverige blev jag förvånad över ovänligheten hos människor som inte svarade när jag nickade vänligt åt dem. Det kändes som om jag var osynlig. Tills jag kom på att det svenska ”hej dras upp i kinderna och inte ner i struphuvudet som det tyska ”Guten Tag” eller ”Hallo”. Jag testade det och i stället för min välövade nickning drog jag upp mitt medvetandesäte i kinderna när jag mötte människor på gatan, så att mitt pannchakra blev ljust. Från och med nu blev jag synlig och alla hälsade på mig med ett vänligt leende. Helt utan ord, bara med gester. Jag hade kopplat mig till deras sfär efter att tidigare faktiskt inte vara synligt, i varje fall inte i samma sfär, även om vi möttes fysiskt.

Om jag betraktar den första graden i mysteriekultens arbete, den som handlar om att tanke, känsla och vilja omvandlas till sinnesorgan, kommer jag fram till tre slag genom att ta upp denna trefald.

Men vilken rytm är det som gäller? Som vi såg i exemplet "hej" har även enstaka ord också en immanent rytm. Mysteriekulten är indelad i grader, eftersom ska ett ord kunna utveckla sig i varje grad. Orden väljs inte godtyckligt, utan leder från grad till grad till att skaparordet utvecklas. Kanske uppstår frågan varför man inte direkt kan arbeta med det färdiga skaparordet. Men det är intet om jag tar emot det utifrån, ett ord som alla andra. Det behöver kunna blomma i hjärtats inre. För detta krävs en process, en väg, en utveckling av ordet.

Är inte varje enskilt ljud en möjlig gestalt i människan? En aspekt av människans förhållande till kosmos? Jag har alltså inte hela människan i mig förrän jag har kunnat utveckla alla aspekter i mig. Allting på en gång skulle dock likna publikmumlet innan en konsert börjar, ett virrvarr av ljud. Det är en av anledningarna till att det inom mysteriekulten finns ungefär 33 grader. Det behövs lika många grader som det finns ljud. Varje grad inleds med ett ord som på lämpligaste sätt återger väsendets ljudkvalitet. **Ordet för respektive grad visar mig den tillhörande rytmen.**

Till exempel har ordet "Boas", ett av de vanligaste i första graden, spondeiska formkrafter, men den första längden har två delar. Stavelsen "Bo" har en ström som flyter utåt och en som fyller insidan. Stavelsen ”as”, med ett kort a som dras inåt, verkar konsoliderande och ger styrka åt hela den rytmiska strukturen. Ingenting är uppåtsträvande, allt är djupt grundat. Stämningen liknar den i Goethes dikt *Über allen Gipfeln ist Ruh*. På motsvarande sätt finns denna rytm i tecken och grepp.

I greppet är det fingrarna som ger impulsen till samma rytm. Men tecknet – hur kan det ha en rytm? Det ställe i kroppen dit medvetandet styrs med hjälp av tecknet sammanfaller med rytmens plats för det tillhörande ordet i medvetandet. Så leta inte efter det *absolut rätta* sättet att utföra tecknet i första graden. Det kan starkt variera, beroende på ord och rytm. Det kan betona struphuvudet eller nackkorset. Ingenting är absolut fel eller rätt, det måste finnas en övergripande harmoni och motsvara väsendet.

Mysteriekulten är en organism, en komplex gestalt. Man kan inte ens generellt säga att spondé är den rytm som hör till första graden, så som vi har beskrivit det i samband med ”Boas”. När jag leder solen över zenit måste jag välja ”Jakin” som öppningsord: ”Jag ska resa upp?”. Och sedan är det fortfarande lämpligt med tre slag, men de är förknippade med en stigande, jambisk karaktär som blir tydlig i de tre gånger tre slagen i början och mitten av ouvertyren till Mozarts *Trollflöjten*.

Att bara rada upp rituella delar eller verk av berömdheter är fragmentariskt. Någon organism kan inte bildas på detta sätt. I en organism uttrycker sig ett och samma väsen både i det synliga och i det hörbara.

Denna sammanvävning av synlighet och hörbarhet med väsendet upplever jag som vacker. Man kan sätta upp ett andra ljus för **skönheten** för att påminna om denna andra mitt-bildning.

Varför har ordet en så avgörande betydelse i kulten?

Gradernas innehåll handlar om att finna det förlorade Skaparordet. Till en början är sökandet mer förberedande, men från och med de högre graderna blir det alltmer centralt.

I första graden ligger **Bibeln** på altaret, uppslagen vid Johannesevangeliets första kapitel:

"I urbegynnelsen var Ordet ... och utan det blev ingenting till ..."

Vi beger oss in i den **tredje mitt-bildningen,** den mellan individ och kosmos.

Inte ljudet, inte konsonanten, inte vokalen, utan i **urbegynnelsen var *Ordet*.** Det var konsonanter och vokaler i en gemensam väv: formkraft och liv.

Formen är livets kropp. Livet alstrar framtida form.

Ordet är ett väsen som samtidigt formar både rum och tid: rum – i den mån som konsonanterna bildar vokalernas kalk, tid – i den mån som vokalerna utgjuter sig in i konsonanterna då de offrar sin kosmiska gudomlighet.

Kalken är formkraften, offret är livets tidsrytm.

Det var med hjälp av formerna som människans medvetande i forntiden vaknade först. Det är **konsonanterna som motsvarar de kosmiskt möjliga formbildningarna:**
S som en slingrande form mot ett motstånd, T som ett nedslag ovanifrån, och så vidare. De kunde tidigt varseblivas av människorna och fixerades som skrifttecken redan mer än 3000 år före Kristus.

Det liv som ljöd genom vokalerna var inte gripbart. Det var fyllt av drömbilder från den andliga världen som lyste in i människornas tillvaro. Endast i mysterierna kunde vokalerna göras hörbara för sig själva. I vardagsspråket kunde de inte höras medvetet, utan lät snarare som toner. I de mycket gamla kinesiska skrifttecknen och det kinesiska språket kan man se att även konsonanterna fortfarande hade bildkaraktär. Det var ett sjunget språk.

I vokalerna fanns liv, människornas ljus. På den tiden uppfattades vokalerna endast i mysterierna och man såg till att skydda och bevara deras kosmiskt rena klang. Andliga väsen, så kallade planetariska väsen bodde i dem. I vokalernas sammankopplingar, diftongerna, levde till och med ännu högre väsen. Versen *Die Sonne tönt in alter Weise* ur Goethes *Faust* återupplivar dessa tonande planetväsen som upplevdes i de gamla mysterierna. Med sådant medvetande om vokalerna blir också Rudolf Steiners ord tydligare om man i mysterierna bevarar och vårdar sig om andliga väsen.[25] Det fanns inga kärl som de satt fast i, utan det var ett kontinuerligt tonande under natten och dagen i olika sånger. Än i dag känner vi något liknande från de ortodoxa tidegärdsångerna. De invigda var noga med att låta ljuden endast klinga i harmoni med kosmos. En sol-vokal intonerades inte efter solnedgången. Ja, man kom inte ens på tanken, eftersom man inte sökte efter gudomliga krafter och experimenterade med dem på samma sätt som i dag, utan man var invigd i sol-tonen genom att vara en del av solens väsen. Men vokalerna ljöd inte bara vid exakt **rätt tidpunkt**, de måste också tona på **rätt plats.**

---

25 Se till exempel Rudolf Steiner, GA 109, föredrag 31 maj 1909, men även på många andra ställen.

På samma sätt som planeterna befinner sig på olika avstånd från jorden, har vokalerna sin ansats på olika höjder i människans ryggrad. Ja, i de olika avsnitten är hela kroppsbildningen präglad av olika vokaler.

På den tiden var förmågan att bli invigd inte en fråga om studier, utan om **renhet.** ”Talutbildningen” för de invigda handlade om att frigöra sig från djuriska astraliteter som verkar i det horisontella. Djurens horisontella verkan har sin rätta plats i zodiakens höjd för att värna om den kosmiska periferins sammanhang från ett djurkretstecken till nästa genom att skapa förbindelser och spänning. Men på jorden förorenar de horisontella krafterna de planetkrafter som steg för steg vill skapa uppresthet. **Därför bestod mysterieelevernas uppgift i att med sitt jag steg för steg förvandla de djurkretskrafter som på jorden hade blandat sig med planetkrafterna och hade sjunkit nedanför det mänskliga riket.** På det viset kunde människan mer och mer finna sin eteriska uppresthet.

Som tecken på att de hade rest sig upp till Jupiter, till tankens krafter, hade faraonerna i Egypten **Uraeusormen** på sin panna. Djurkretskrafterna kan förorsaka tolv typer av förvillelser för tänkandet: att snabbt irra hit och dit (Fiskarna), att gå på för starkt (Väduren), att vara för trögt (Oxen), det paradoxala (Tvillingarna), det alltför bakåtvända (Kräftan) och så vidare. Genom lämpliga meditationer och övningar måste man få grepp om dem.

I nästa steg kunde även Saturnus krafter förvandlas av jaget och fick då egenskapen att kunna förbinda alla människor till en enhet oavsett ras eller nation. Eftersom Saturnus har sitt säte i människans kronchakra, hade de som hade fått Saturnus att stråla ett tecken som bestod av **ormen som biter sig i svansen.** När nämligen huvudchakrat är helt öppet, förenas dess krafter perifert omedelbart nedåt med rotchakrat.

På liknande sätt förfogar ryggraden – inklusive dess speglade fortsättning till näsbenet och skallbenens sömmar, där den fortsätter eteriskt som i en flodbädd – över sju stadier vars formkrafter motsvarar planetsfärernas. Från varje stadium leder en egen port till planetsfären det tillhör. Det är den port som kallas för **chakra**. På det viset är den uppresta människan en mikrokosmisk bild av hela planetsfären.[26] Även de skelett- och organbildningar som försiggår i dessa sfärer är påverkade av respektive planetrörelse. Varje rörelse åstadkommer en egen klang som gestaltar bildningarna.

Eleven behövde med sitt medvetande kunna nå fram till planetens väsen genom att tala utifrån motsvarande chakra, så att

---

[26] Se Rudolf Steiners kritteckning *Der Mensch in Beziehung zu den Planeten.*

vokalen kunde klinga oförvanskat och i fullständig renhet. Ett Å som uttalas utifrån sakralchakrat har en annan själsstämning än ett Å som klingar från halschakrat. Vi har redan tagit upp denna ortsförskjutning när vi via förvandlingsstadierna kom till rytmen och förändringen av medvetandets säte. Om du har svårt att föreställa dig hur ett ljud från sakralchakrat skulle kunna låta, så lyssna till någon som talar egyptiska-arabiska. Det kan du till och med göra på video. Upplev var någonstans ljudet ger en resonans i dig och jämför sedan med resonansen när du hör någon som har engelska som modersmål.

För att nå fram till det önskade chakrat tjänade, som redan nämnt, tecken och grepp som hjälpmedel.

Konsonanterna var alltså så pass gripbara att de kunde skrivas ner. Vokalerna kompletterades sedan i människans inre. Därigenom fanns det flera **stadier av möjligheter till att komplettera vokalerna.**

Ett exempel är det tyska ordet *Straße* (= gata). Utan vokaler skulle det skrivas ”Strß”. Någon som kommer från regionen Pfalz uttalar ”Stroß”, vilket tyder på området runt huset där man kan tömma sin städhink. ”Str” innebär en rörelse som lyfter upp något, o (= på svenska å) tonar i den närmaste omgivningen och uttalas precis så länge att ß kan tillkallas. Någon som kan tala högtyska uttalar ”Straße” och menar något som utifrån konsonanternas formkraft leder någonstans där från vokalernas liv, något som förvånar kan komma emot en. Genom det avslutande e:et flyttas även ß:et utåt. Beroende på vilka vokaler jag uttalar kan jag nå olika aspekter av det valda ordets väsen. Om jag sedan kan uttala a:et i ”Straße” på ett sådant sätt att det är befriat från alla personliga egenarter, så kommer det nära det som kallades heligt uttal.

Det fanns ett vardagligt sätt att uttala och det fanns ett heligt språk. **Det heligaste sättet att uttala vokalerna var förknippat med uppenbarelsen av ett högt andeväsen som kunde gjuta in sig självt i den kropp som människan format med sitt uttal.** Vokalens rörelse färgas då endast av dess planetsfär och kärlets form som bildar konsonanterna.

Är det bara i det heliga sättet att tala som ett andeväsen får en kropp genom ordet? Eller är alltid ett andeväsen förknippat med våra ord när vi talar? Handlar det, som i exemplet med ”Strß”, bara om olika aspekter av samma andliga väsen? Kanske har du någon gång upplevt att någon uttalat ditt namn med en annan betoning, en annan rytm. Sedan blir man förvånad över hur annorlunda det känns, som att byta färg på sina kläder. Vad en liten rytmisk förskjutning kan betyda visar till exempel det tyska ordet *umfahren*. *Um*fahren (= köra omkull) är något annat än um*fah*ren (= köra en omväg). Skillnaden avgör om du överlever eller inte.

Vad händer med det andliga väsendet när dess namn dras ner till områden som det annars inte skulle ha berört? Är det därför som de heliga orden brukade vara hemliga förr i tiden – för att skydda det andliga väsendet? Är det så med alla de ord vi uttalar att vi i varje ögonblick bestämmer vilken nivå, vilken sfär vi vänder oss till? Det verkar inte i första hand handla om en teknik som man kan lära sig, snarare om en form som skapats av själen eller förnimmelsen som söker sina vokaler. Mysteriets språkliga utformning är en förnimmelseskolning. På ryska finns något liknande fortfarande kvar i form av en ökad intimitet i uttalet av samma namn: Tatjana, Tanja, Tanjuschka.

Skapar vi med vårt tal vår miljö, den sfär vi rör oss i? Är det våra uttalade ord som formar vårt öde? Det som nu andligt ledsagar oss i vårt tal – kommer det senare att möta oss fysiskt?

Antikens tempelarkitektur hjälpte att medvetandegöra konsonantbildningen. Pelarskogarna i Egypten understödde S-ljuden, förgården B:et, altarplatsen T:et och så vidare.

För de präster som tjänstgjorde i dessa tempel innebar detta att de kunde gripa konsonantformerna med sitt medvetande. Konsonanternas arkitektur var en förutsättning för att guden och hans vokaliska liv kunde attraheras av detta tempel. Attraheras i ordets dubbla bemärkelse, för utan en form kunde guden inte uppenbara sig. Det var egentligen han som inspirerade människorna till formen. **Templet var gudens kropp.** Enorma ansträngningar gjordes för att arkitektoniskt skapa den motsvarande konsonantform dit gudens vokaliska liv kunde sänka sig ner på ett så rent och upphöjt sätt som möjligt. Ju större form desto starkare klang. Man bemödade sig att ge guden en möjlighet att göra sig gällande och uttrycka sig på jorden med hjälp av instrumentets storlek: templet. Har man någon gång stått framför Zeustemplets pelare i Aten kan man ana den mäktiga klang som härifrån genljöd genom världen. Vad gäller Salomos tempel har orsaken till sådant sätt att bygga till och med bevarats skriftligt i Gamla testamentet: JHVH kungör genom profeten Natan att kung Davids son ska bygga ett hus åt Guds *namn.*[27]

Hos ett **tempel för en guds *namn*** var alla former utformade så att

---

[27] Se 2 Sam 7:13

just detta namn kunde klinga och ge resonans däri – som i ett musikinstrument. Byggkonsten på den tiden bestod inte i tekniken att lägga en sten på en annan, utan i hur den synliga byggsubstansens spänningar måste förhålla sig till varandra för att möjliggöra vissa bestämda ljudklanger. Om du går in i en katedral som byggdes av tempelriddarna, som den i Chartres, kan du bli varse att endast vissa tonstämningar samklingar med byggnaden och att namnet ”Kristus” utstrålar från altaret i alla fyra riktningar.

Tempelbyggets hemligheter angående namnet och ordet överfördes av tempelriddarna till det skotska frimureriet som de grundade efter att ha flytt till Skottland. Tack vare den kunskap som tempelriddarna hade förvärvat på Orientens mysterieplatser stämde akustiken i de katedraler som byggdes av deras bygghyddor omedelbart.

Numera talar vi konsonanterna så starkt utåt att vokalerna verkar kvävas. Men i stället för att gå utåt i den fysiska verkan finns det en möjlighet att bege sig in i formkroppen, i den gestaltande kraft som ligger till grund för den fysiska kroppen och särskilt skelettet.

Den inledande fasen i följande övning kan enkelt beskrivas: Du står upprätt, benen ihop och svänger ungefär fem centimeter framåt och bakåt, sedan mindre och mindre tills du känner att du är i mitten. Sedan svänger du till höger och vänster tills du känner dig i mitten igen. Sedan kontrollerar du än en gång mitten fram och tillbaka. Lyft sedan armarna avspänt, men utan böjda armbågar, med öppna händer i en A-vinkel framför dig tills du känner att de svävar mellan ovanför och nedanför. Kontrollera med små rörelser på en till två centimeter återigen mitten mellan fram och bak och mellan höger och vänster. Då befinner du dig på ett mycket instabilt sätt i en av de mittpunkter som är möjliga i formkroppen, nämligen i solarplexus eller navelchakrat. Chakrana löper också genom formkroppen. Samtidigt är du helt vaken i jaget. Denna mittpunkt i formkroppen tar du nu som utgångspunkt för konsonantbildningar som du låter komma utifrån. Kanske du behöver kämpa en del med dina vanor.

Mer meningsfullt är att placera mittpunkten i huvud- och hjärtchakrat, men jag kan inte förmedla skriftligen hur man finner dem. Jag ansåg det viktigt att förmedla en upplevelse av en väg till formkroppen som går relativt lätt att beskriva. Om alltså mittpunkten genom koncentrationen rör sig upp till hjärtat – låt det ske.

För att låta konsonanterna komma utifrån – de kommer ju inte som stjärnfall bara flygande från rymden – måste jag först kärleksfullt vilja konsonanten i fråga, jag måste kärleksfullt viljande tänka den. På så sätt åkallar jag dess väsen och förbinder mig med den. Då är jag med mitt jag samtidigt centrerad i den kosmiska periferin – hur paradoxalt det än låter – och i min inre mittpunkt. Jagets mittpunkt inom mig upplever det på så vis uttalade ordet som ett slags trampolin med räta vinklar som konsonanterna studsar mot, medan vokalerna på motsvarande sätt tonar utåt utan att de viljemässigt talas in i luftströmmen. Jämförelsen med trampolinen beskriver bäst hur konsonanterna studsar och hur de räta vinklarna uppstår, eftersom den inre mittpunkten befinner sig här och samtidigt bildar det rumsliga koordinatkorsets mittpunkt. I formkroppens mittpunkt framträder de räta vinklarna och gör att konsonanterna blir synliga. Hebréerna kände till denna hemlighet och fäste en kub i pannan när de ville läsa högt ur Toran.

Jagets mittpunkt i periferin känns som det gyllene huvudet på en passare varifrån konsonantens stråle utgår.

Prova att bara tänka konsonanten med *viljan*: strålen blir då mycket smal. Ju *mer kärleksfullt* du vill den, desto mer utvecklas den i geometriska former från den mittpunkt du har bildat i periferin mot mittpunkten i ditt inre. I de geometriska formerna frigörs vokalernas klang utan tryck som om de spelades på instrument. Precis som passarens skänklar kan öppnas mer eller mindre, öppnas denna stråle genom kärleksfull vilja.

Men varför skulle jag omedelbart befinna mig i den kosmiska periferin när jag tänker en konsonant? **Var någonstans är då periferin?** Är den verkligen miljarder ljusår borta med en tom rymd däremellan? **Eller befinner sig den där jag tänkande kan förbinda mig med väsen?**

Imaginativt ser jag framför mig den räta vinkeln öppen uppåt och passaren, likaså öppen, som närmar sig uppifrån, så att vinkelns och passarens spetsar korsar varandra. Jag lägger båda på Bibeln och ser framför mig hur Guds ord tonar genom mig i denna mitt-bildning.

I denna mitt-bildning genom Ordet befinner jag mig samtidigt i den kosmiska periferin och i min egen mittpunkt. Genom Ordet andas båda mittpunkter med varandra och är ett. De är ett i Ordet.

- Den första mitt-bildningen var rummets mittpunkt, det

mikrokosmiska jagets.

· Den andra mitt-bildningen var tidens mittpunkt i periferin.

· Den tredje mitt-bildningen är andningsprocessen mellan den mikrokosmiska mittpunkten och den makrokosmiska mittpunkten i periferin.

Det är en högst vishetsfull akt att forma denna tredje mitt-bildning på ett sådant sätt att ingen av de två första mitt-bildningarna går förlorad under andningsprocessen. För att åkalla den i minnet kan man i templet sätta upp ett tredje ljus och som bär namnet **Vishet.**

I de mysteriekultiska handlingar som kommer från Främre Orienten finns alltid två mittpunkter synliga, medan den tredje kan förverkligas genom handling. Det är det som utgör kultens uppbyggnad enligt den skotska traditionen och som också ligger till grund för den redan nämnda akustiken. För övrigt kommer det också till uttryck i Elbphilharmonie, Hamburgs nya konserthus.

Om man tänker sig hela templet som en lemniskata, med två "droppar" av olika storlek, så ligger den ena mittpunkten på altaret i öster i det mindre rummet och den andra i mitten av det stora rummet. Om jag med tanke på de två mittpunkterna koncentrerar mig för mycket på min mikrokosmiska mittpunkt eller för mycket på den makrokosmiska – handlar det inte om tillfällen då Lucifer och Ariman kan bli aktiva? De kan komma åt mig när andningen mellan de två punkterna inte är intakt. Det luciferiska drar mig mot periferin, det arimaniska vill göra mig hård inombords. Och om jag genom Ordet skapar en andning mellan de båda mittpunkterna i andningen – upphävs då både Arimans och Lucifers verkningar samtidigt? Jag tror att det är därför det alltid finns två mittpunkter i det skotska tempelbygget. Kampen om mittpunkternas rätta, andande förening utgör skeendet i de skotska graderna 4 till 14 som motsvarar fjärde graden i Rudolf Steiners Misraim. Där handlar det om att föra samman dessa två mittpunkter i lemniskatans korsningspunkt över varandra till ett slags dubbelt altare. Det är den arkitektoniska anledningen till talarstolens placering i det första Goetheanum. I den förenade andningen har Ariman och Lucifer ingen tillgång till själen, så att sedan det mikrokosmiska jaget kan förena sig med Kristus i de skotska graderna 15 till 18 som motsvarar femte graden i Rudolf Steiners Misraim. Då kan det nya uppståndelseordet uppenbaras i det inre.

Är det som jag har beskrivit med denna tredje mitt-bildning eurytmi? Ljudrörelsen spelar nämligen en stor roll. Eurytmi, som den har utövats under de senaste hundra åren, utförs med eterkroppen. I det avseendet innehåller kulten inget som kan jämföras med eurytmi, och den ser inte heller lika svävande ut, utan snarare som sakrala rörelser utifrån mitten. **I mysteriekulten sker ljudbildningen med formkroppen.** Jag tänker att det var det som Rudolf Steiner menade med **kultisk eurytmi**.

Den kosmiska Kristus, Ordet[28], är den levande andning av konsonanter och vokaler som vi har beskrivit, den levande tredje mitt-bildningen: andningen mellan den makrokosmiska och den mikrokosmiska mittpunkten. Han andas från den kosmiska periferin till jordens centrum och tillbaka till den kosmiska periferin. I döden förband Han sig med jordens centrum (Golgata-mysteriet) och andas i uppståndelsen i den kosmiska periferin (ända sedan den historiska påskdagen).

Kulten gör detta skeende inte bara möjligt, utan den är en *del av* det. Ljudbildningen i mysteriekulten sker ända till formkroppen där den "djupaste" första mitt-bildningen kan genomföras. **På detta sätt bidrog mysteriekulten till att förbereda Golgata-mysteriet. Är det då i dag dess tidsenliga uppgift att verka för Ordets *uppståndelse?***

---

[28] Se Johannesevangeliets första kapitel, i synnerhet vers 14: "Och Ordet blev människa ..."

Skaparordet som genomsyrade oss har genom uppvaknandet gått förlorat i självet. Hur kan det återfinnas i människan? Kan det vara av samma gestalt som det gamla, förlorade Skaparordet? Konsonanterna kommer från periferin till mittpunkten. Detta motsvarar den rörelse som Kristus utförde när Han alltmer närmade sig jorden fram till Sin förening med dess mitt genom Mysteriet på Golgata. Men sedan nästan två årtusenden har Han varit inbegripen i uppståndelserörelsen och tonar vartefter igenom alla varelser på jorden samt deras omkrets. Detta har en vokalisk karaktär. Förr i tiden utgjorde konsonanterna i mysterierna det som var fastlagt, eftersom man på det viset kunde förstå rörelsen hos Kristus och andra väsen som närmade sig jorden. **Om det heliga Ordet tidigare byggde på konsonanter – måste det i dag på ett tidsenligt sätt grunda sig på vokalernas innerlighet?**

Hur ter sig upplevelsen av vokalerna i jagets tre stadier som vi har sett genom de tre mitt-bildningarna?

När jag i den första mitt-bildningen, i portögonblicket, förbinder mig med det sanna jaget, ser lodet *imaginativt* framför mig, upplever den innersta mittens kraft som samtidigt förfogar över en inneboende kraft till uppresning, då hör jag **i:et** *inspirativt*. I detta sammanhang med det gudomliga upplever jag *intuitivt* **samvetets** väsen.

Och när jag i en mitt-bildning skapar sinnesnärvarons samtidighet som dels kan överblicka det synliga och hörbara, dels kan kärleksfullt genomtränga det, vilket jag *imaginativt* ser framför mig som en passare då hör jag **a:et** *inspirativt*. I sådan skönhet upplever jag *intuitivt* **förundrandets** väsen.

Och när jag håller båda mittpunkterna samtidigt i mitt medvetande och får dem att andas, vilket jag *imaginativt* ser som vinkel och passare vars vinkelspets är så brett om möjligt medan ändarna korsar varandra – vilket är en högst vishetsfull process – då hör jag **o:et** (= å:et) *inspirativt*. I detta fria sätt att hänvända sig till varandra och på det viset skapa utrymme för Ordet upplever jag *intuitivt* **kärlekens och medkänslans** väsen.

Dessa tre vokaler beskriver alla möjligheter för jaget att placera sig självt i kosmos: **med förundran (a), med kärlek och medkänsla (å) och med samvete (i). Det handlar om de tre mitt-bildningarna med hjälp av det sanna jaget.**

I samband med det gamla, förlorade Skapelseordet, som byggde på konsonanter, fanns det flera stadier av helighet beroende på vilka vokaler det kompletterades med och hur de uttalades. Det handlade om trappsteg som ledde till djupet eller höjden av ordets väsen.

Finns det något jämförbart för ett ord som grundar sig på vokaler?

Konsonanterna har inte samma djupa själskraft som vokalerna, de är mer formande. Därför finns det genom deras variation inte någon stegring som allt djupare skulle uppenbara väsendet. Att variera konsonanterna leder till olika formbildningar!

Det gamla Skaparordets konsonanter gav möjligheten att rikta sig mot ett bestämt väsen och var därför fastlagda som i JHVH. Rörelserna hos Kristus och andra väsen som närmade sig jorden kunde kännas igen med hjälp av konsonanterna. Djupet i väsendets uppenbarelse möjliggjordes genom att bilda vokalerna på individuellt olika nivåer. Det vill säga att väsendet med hjälp av själen kunde uppfattas djupare och flyttas närmare mitten. Det gjorde att de andliga väsendena kunde komma in i jorden.

Men det nya ordet bygger på vokalerna. Kompletteringen av konsonanterna måste ske med lika många varianter som det finns jag – trots att det är den Uppståndnes sanna väsen som tilltalas. Den kunskapsrörelse som är förknippad med det nya ordet leder inte direkt in i väsendets djup, utan den leder inledningsvis till att urskilja och så att säga ordna formerna. Med det nya Skapelseordet är en kunskapsrörelse förbunden som gör det möjligt att förstå den rätta platsen för respektive facett som det bildar av sitt väsen. Var och en som formar det bildar sin egen facett av det nya världsordet, uppståndelseordet, utifrån kunskapen om sitt väsens andning med kosmos.

Betyder detta att alla ord där I, A och O (på svenska Å) förekommer skulle vara sådana nya Skapelseord? Så är det inte menat. Det viktiga är inte vokalernas yttre form, utan deras gestaltningskvalitet, i den mån de representerar de tre möjliga relationer som jaget kan ingå med kosmos, i den mån de motsvarar de tre mitt-bildningarna. Hur kan jag känna igen de nya ordens olika gestaltningskvaliteter om de inte är fastlagda av den yttre formen? Om jag inte kan känna igen väsendet genom den yttre formen – hur kan jag då bedöma vilket väsen som lever i en form? Jo, med hjälp av klangen. Man kan *imaginativt* se formerna framför sig och känna igen om de är *sanna*, om ande och utseende stämmer överens. Vad gäller *inspiration* kan man lyssna på vokalklangen: om den höljer in konsonanterna *kärleksfullt* eller med tvång. Och man kan få en *intuitiv* relation till väsendet, man hör om det kan utvecklas *fritt* och i enlighet med sitt väsen. Det är inte längre genom sitt yttre som formen visar vilket väsen som lever i den, utan genom kvaliteten i dess överensstämmelse med anden.

Den inspiration man får genom vokalklangens kvalitet, det motsvarande förhållandet till sanning, kärlek och frihet, kommer att göra människor vakna för varandra, så att de intuitivt förenas i en kärlekens sam*klang* för att bilda **nya gemenskaper utifrån Ordet.**

Orden är *heliga* när de har formats av ett verkligt fritt jag som kan förverkliga de tre mitt-bildningarna i sig. På det viset kan det i första mitt-bildningen förbinda sig med det sanna jaget, vilket i sin tur leder till att forma konsonanterna ur periferins mitt, ur en omvänd vilja. Så möjliggörs andningen mellan dessa båda genom den tredje mitt-bildningen:

Det mänskliga jaget som en individuell konsonantisk kalk i vilken den uppståndne Kristus blommar upp som vokalton. Tillsammans bildar de det heliga Ordet.

En symbol för detta är det sjunde apokalyptiska sigillet som Rudolf Steiner skisserade, det så kallade Graalssigillet.[29]

Detta heliga ord kan bara hittas i frihet, och det har så många formmöjligheter som människors intresse tillåter. Genom att bilda

---

[29] Se Rudolf Steiner, GA 284

det hjälper vi Kristus i Hans uppståndelseprocess där Han gradvis förser hela världen med jag-kraft.

Och i samband med denna andningsprocess blir det också begripligt varför det bara kan handla om en samverkan. På samma sätt som Mysteriet på Golgata möjliggjordes av ett mänskligt jag som tog emot Kristus, är även Kristi uppståndelseprocess en andning med det mikrokosmiska mänskliga jag som bildas från omkretsen.

Denna andning behöver ett utandande jag som centrum och ett jag från omkretsen. Nya gemenskaper som samlas genom det inre ordets samklang kan inte bara ta emot anvisningar från ett centrum, utan de behöver en relation som andas mellan centrumets jag och omkretsens. **Det som uttalas av omkretsens jag och inom handlingen förs fram till centrumets jag ska betraktas som centrum-jagets karmiska verkan som framkallats av utandningens form.** Denna hållning är en ansats för att inte avgränsa. Den gör det möjligt för det centrala jaget att utan ett spår av maktutövning förse gemenskapen med jag-kraft. Det som andas ut från det centrala jaget bör först och främst ha en icke-sårande, kärleksfull kraft i kombination med förmågan att bli varse hela omkretsens jag. Det ska, genom den Uppståndne, kunna ge uppfyllelse och inre själskraft åt omkretsens individuella impulser som vill bli till: kosmiska gemenskaper som förenas i det sanna jaget till ett enat människobygge.

Och vilka väsen är det som lever i dessa nya ord och namn som bildas i förening med Kristus och i de gemenskaper som uppstår ur dem?

Jo, de inkluderar de väsen som älskas av det respektive fria jaget. Om det är en läkare är han kanske intresserad av Rafael, om det är en invånare i Dresden är han kanske intresserad av Dresdens ärkeängel?

Och vokalerna? Vilken bildkvalitet har vokalerna i ”Rafael”, framför allt E:et som vi ännu inte har undersökt? I, A och Å (tyska O) utgör faktiskt den formmässiga grunden för alla vokaler. Som mitt-bildning klingar de även i alla andra vokaler. Genom att visa alla vokalers förhållande till dessa tre kan man väcka vokalerna till liv igen. Alla vokalformer kan betraktas som metamorfoser av dessa tre.

Att bilda den kalk av konsonanternas formkraft i vilken väsendet kan blomstra vokalt är endast möjligt om man är rotad i kärleken till respektive väsen. Man stödjer sig inte längre på konsonanterna, utan har sin rot i de tre mitt-bildningarnas vokala klangrörelser.

”Kopparhavet” var en bassäng fylld med vatten och tillverkad av de sju planetariska metallerna. Vokalernas ljusklang kunde helt och hållet tona genom det och det kunde imaginativt bli genomskinligt.[30] På Salomos tid vilade det på tolv oxar som symboliserade djurkretsens tolv krafter och konsonanterna. I dag måste det stå för sig självt. Numera är konsonanterna individualiserade i den människa som i frihet ingår en förbindelse med dem. Genom samexistensen av konsonanter och vokaler belyses betydelsen av Kopparhavets gjutning för Salomos tempel genom Hirams jag, men det blir också klart varför det senare genom kung Achas skedde en förändring som innebar att kopparhavet placerades direkt på stengolvet.[31]

Kan det då finnas exakt *en* tidsenlig mysteriekult för alla? Eller behöver det inte finnas lika många kulter som det finns andliga väsen som älskas av människor? Vissa andliga väsen hör ju närmare samman och arbetar med varandra, om jag får uttrycka mig så. För den tidsenliga kulten kommer inte, som i de gamla mysterierna, härstamning och blodsband att vara viktiga, utan det är andliga familjer som kommer att vara avgörande för den nya gemenskapsbildningen. Kanske kommer de andliga väsendena till och med att hjälpa till att tillsammans leda gemenskaperna?

---

[30] Se Rudolf Steiner, GA 265, esoterisk timme den 27 maj 1923.
[31] Se 2 Kung 16:17

Om Hiram bara med hjälp av sina blodsfränder kunde fullborda gjutningen av Kopparhavet, nämligen med hjälp av sin förfader Kain – **kommer då de nya gemenskaperna att instiftas av andliga väsen och grundas i människornas hjärtan?**

Men varför räcker det inte med att meditera Mikaels namn till exempel? Varför skulle jag nu finna en arkitektur samt tecken och grepp för hans namn? Och dessutom röra mig däri? Tända ljus och så vidare?

Jo, det handlar om den till en början ganska obehagliga ansträngningen att komma in i den formkropp som man måste passera på vägen till jordens centrum. Och det handlar om behovet av skönhet som man vill föra in i alla inkarnationens led. Det är i princip samma behov som gör att man ställer en blombukett på bordet och inte bara mediterar över den.

Det handlar om frågan vad **konsten** är till för? Är det jagets behov av att uttrycka sig genom sin egen andningsrörelse? Att penetrera materien, även den egna kroppens, till exempel i dansen eller recitationen? Behovet av att *kontrollera* kroppen, att *tillägna* sig materien? Generellt handlar det om behoven som kommer till uttryck i makt och dominans. Det låter skrämmande, men det är nödvändigt att se ursprunget till de avarter som så intensivt bedrivs med dessa behov.

Sådana grundläggande behov har inget med individualitet att göra. Det är en självets illusion att tillskriva sig dem. Det vi är *ansvariga för* är *hur* dessa behov hanteras. Det finns en hel hierarki som lever inom oss i form av dessa behov. Det är den andra hierarkin vars krafter har kallats för härskare, makter och välden.

Härskarna kallas också vishetens andar eller *Kyriotetes*. Deras makt kan missbrukas av människor som driver dem med en yttre vilja, till exempel när ideologier sprids. Men tillämpad som godhet kan deras visdom inifrån ljusa upp och genomsyra materien som en kraft som skänker *medvetande*.

Krafterna kallas också *Dynamis* eller rörelsens andar. Ju fler platser jag vill ta över, grunda grupper eller loger, rekrytera medlemmar, desto mer riktar sig hierarkins kraft inom mig utåt och avleds från det gudomliga ursprunget. Men om Dynamis uppstår inom mig som en stimulans, som *hjärtats mognad* och utveckling av mina intressen, då blommar de upp i kosmos.

Och likaså väldena, formens andar eller *Exusiai*. Om jag utvecklar former, till exempel inrättningar som inte överensstämmer med livet, utan kanske har uppstått av ekonomiska eller organisatoriska skäl, så använder jag hierarkins krafter, separerar dem från deras väsen och leder dem till Ahriman. Endast former som uppstår ur sina egna bildande krafter och upplevs med hjärtats kunskap, kan på samma gång förbinda den sinnligt-fysiska med den sinnligt-andliga världen och uppfyller den andra hierarkins andemening.

Medvetande (kunskap), hjärtats intresse (kärlek) och inlevelse i skaparkrafterna (offer) är förutsättningarna för en verksamhet i enlighet med Skapelsen.

Varje ändamålsbunden handling och varje handling som endast tar sig själv som norm tjänar just självet. Därför kan jagets behov av att uttrycka sig och genomsyra materien endast tillfredsställas som en fri, obunden handling på det sätt som har beskrivits. **Och detta uttryck av jaget är fri förmåga, fritt kunnande, fri konst.**[32]

Även den högre egoismen, den som vill uppnå något gott för sin egen utveckling, är bunden till ett syfte. Endast om jag älskar det andra väsendet och **kärlekens rörelse vill synliggöra det och främja dess utveckling, är fri konst möjlig där väsen skapas kärleksfullt och blir synliga**.

Är denna form av konst detsamma som en kult?

---

32 ”Konst” härstammar etymologiskt från ”kunna”.

Frimureriet har sedan gammalt kallats den **Konungsliga konsten.** Här ingår nämligen tre kungar en relation med varandra.[33] Rudolf Steiner förknippar begreppets ursprung med Goethes saga men begreppet är äldre och sagans tre kungar framstår som en metamorfos av de tre kungarna från den gamla tempellegenden.[34]

Tempellegenden skildrar tre kungars förhållande till varandra och till Ordet. Christian Rosenkreutz tog den med sig till Centraleuropa från sin resa till Damkar,[35] drottningen av Sabas stad. Han introducerade den som **Tempellegenden** hos de centraleuropeiska brödraskapen[36], och än i dag utgör den grunden för hela frimureriet.[37] Beskrivningen av förlusten av det gamla, gudagivna Skapelseordet och strävan att återfinna det i människan gestaltar alla graderna. Rudolf Steiner nämner att Tempellegenden skildrar den tredje, fjärde och femte kulturepokens öde i vår femte efteratlantiska period.[38] I en ritualanteckning skriver han till och med att det handlar om mänsklighetsevolutionens öde.[39]

---

[33] Se Rudolf Steiner, GA 93, föredrag den 2 januari 1906

[34] Se Gerard de Nerval, *Die Tempellegende,* tolkad av Manfred Krüger, Ogham Verlag

[35] Sägs motsvara dagens Dhamar i Jemen.

[36] Se Rudolf Steiner, GA 93, föredrag den 4 november 1904

[37] Se Rudolf Steiner, GA 93, föredrag den 2 december 1904

[38] Se Rudolf Steiner, GA 93, föredrag den 4 november 1904

[39] Se Rudolf Steiner, GA 265, sid 183

Legenden handlar om samspelet mellan kung Salomo, drottningen av Saba och byggmästaren Hiram. Den sistnämnde härstammade från himyariternas kungliga släkt och ägde mästarordet sedan urminnes tider. De tre hade en framträdande ställning i världen inom var sitt konstområde.

Hiram behärskade som ingen annan **bildkonsterna, hantverkskonsterna** som arbetar med materia. Hans eldiga jag omarbetade med **styrka** naturen till människoverk. Eftersom något metalliskt verktyg inte fick ljuda på Tempelberget, formades genom hans ande alla delar i förväg i förhållande till helheten, så att de bara behövde sammanfogas på plats. Han var sin tids mest kända byggmästare.

Bilqis, drottningen av Saba, månade om och utvecklade **de talande och musicerande konsterna** vid sitt hov. I hennes palats samlades varje kväll de mest framstående berättarna och poeterna, musikerna och sångarna. **Skönheten** strålade ut till hela världen från hennes väsen och palats med dess paradisiska trädgårdars färgsprakande prakt.

Salomos område var **de sociala konsterna**. Med stor **vishet** upprättade han hovets ritualer och ordnade skickligt relationer och avtal med alla grannfolken. Det krävdes säkert också betydande sociala färdigheter att upprätthålla en social ordning bland de tusen kvinnorna i hans harem samt deras barn.

Genom sina konstarter är Hiram, Bilqis och Salomo representanter för Treenighetens gudomliga krafter: vishet, styrka och skönhet. **Som ett uttryck för jaget är konsten tredelad, eftersom jaget står i ett levande förhållande till Treenigheten.**

Genom att se dessa tre i förhållande till varandra belyser legenden konstens tredelade natur och framhäver de olika konstarternas betydelse för Ordet.

Rudolf Steiner kompletterade Tempellegenden med en inledning där han beskriver Salomos och Hirams härstamning. Salomo är ättling till Abel, Hiram är ättling till Kain. Kain avlades av en Elohim som förenade sig med Eva. Därför lever i Kain en jag-gnista av gudomlig eld. Abel däremot, som är Adams son, fick sitt jag genom gudomlig andedräkt och är alltså en klar och ren bild av Gud.

Det är dessa förutsättningar som gör att Salomo i drömmen kan se den gudomliga byggplanen, men han förmår inte att förverkliga den materiellt. Hiram känner till materian och har genomträngt den med sin eldkraft, men han kan inte etablera någon nuvarande relation till Gud, eftersom han är upphöjd över skapelsen.[40] Han

---

[40] ”Hiram” är ett feniciskt namn som betyder ”min bror är upphöjd”.

saknar så att säga respekt för det gudagivna då han vill påverka skapelsen med sitt eget jags förmåga. Jag tänker på att JHVH inte tog emot Kains offer.

Under händelsernas gång når Hiram fram till jordens centrum. Därifrån tar han med sig sin anfader Kains krafter: gamla krafter alltså. Ännu har Kristus inte förbundit sig med jordens mitt. Därför måste Hiram först dö för att förnya kraften i det gamla skaparord som han fortfarande hade från Elohim. Genom förbindelsen med Bilqis kan han andas in det heliga ordet på en gyllene triangel och sänka den ner i en djup brunn eller – beroende på version – i en kub. Brunnen är en symbol för att "gå ner i jorden", kuben är en symbol för jorden. Det är genom denna process som Golgata-mysteriet förbereds: Ordet som kommer att förbinda sig med jordens inre. De frimurare som upplever denna tempellegend och sedan beger sig i väg för att söka det nya Skapelseordet ställer egentligen sin vilja till uppståndelsekraftens förfogande.

Triangeln förtydligar imaginativt att det handlar om de tre vokalerna. Eller tvärtom: de tre vokalerna lyser i **imaginationen** som en gyllene triangel. **Hirams** förhållande till Ordet framgår tydligt av de beskrivna rörelseprocesserna. Han utför den **första mitt-bildningen,** den mellan den sinnligt-fysiska och den sinnligt-andliga världen via centrumets mittpunkt, jordens centrum dit han kommer när han gjuter Kopparhavet. Triangeln med de tre heliga vokalerna lägger han som ett frö i jorden. Det kan han bara göra med sin formkropp: förbindelsen med jordens mittpunkt. Formkroppen löses nämligen inte upp i döden, utan kan, enligt Tempellegenden, lyftas upp ur graven som en fullständig andemänniska. Samma sak som Hiram gjorde utifrån det mikrokosmiska för att förbereda vägen, utför Kristus i Golgata-mysteriet med sitt makrokosmiska jag och väsen. Om man vänder på hans namn, så klingar Marih(a) fram, hon som gav gestalt åt Jesu kropp.

Salomon har inte möjligheten att gå via centrums mittpunkt, eftersom han saknar eldkraften. När Ordet har gått förlorat för bygget i och med Hirams död bestämmer Salomo ett ersättningsord, nämligen det första ord som uttalas när Hirams lekamen hittas. Genom att låta omgivningen tala sker en omvändning av viljan i honom. Hans vilja är inte längre riktad utåt, utan han tar emot ordet från omkretsens jag. Att ta emot uppenbarelsen från omgivningen är ett sätt att undgå självet. Salomon verkar i den **andra mitt-bildningen,** han finner mitten i periferin. Det handlar om ett konsonantbaserat ord som blir hörbart genom förmågan till **inspiration**. Inom frimureriet är detta det så kallade *mästarordet* i den tredje graden.

Som änka genomför **Bilqis** med sitt hjärtas kärlek allting i Hirams ande. Hirams väsen lever i hennes hjärta. Hon förenas med honom i sitt eget hjärtas centrum samtidigt som hon rättar sin vilja efter hans ande, medan Hiram efter döden lever i periferin. Därigenom befinner sig hennes jag i en ständig andning mellan medelpunkt och periferi. Denna andning är vad vi upplevde som **tredje mitt-bildning**. Här blommar det nya Skapelseordet. Det bygger på vokaler som har sina rötter i centrum och tar emot konsonanter som kommer från djurkretsen. Det bildar sin blomma i andningens två strömmar. Levande former, format liv. Genom **intuition** kan den upplevas inifrån.

När frimurarna betecknar sig som **"änkans söner"** vill de uttrycka att de syftar till Bilqis, att de vill inrikta sig som sin mor och på så sätt uppleva det nya Skapelseordet. Mani, manikeismens grundare, kallade sig själv för "änkans son", eftersom han kände till denna hemlighet. Han kände nämligen till hemligheten bakom form och liv som består av denna tredje mitt-bildning. Såvitt jag vet är detta anledningen till att Rudolf Steiner sade att frimureriet utgör manikeismens framtida form som kommer att leda den sjätte kulturepoken.[41]

De bildande konsterna skapar i formkroppen, de sociala konsterna i astralkroppen och de talande och musicerande konsterna i eterkroppen.

Som trefald bildar de genomlyst av jaget **Kristi nya uppståndelsekroppar**.

Den **kungliga konsten** utgör en organisk helhet av alla tre konstformerna. De höga gradernas ritualer är så gestaltade att de skapar denna helhet, en jämvikt mellan de tre konstformerna där varken Ahriman eller Lucifer kan tillskansa sig delar av själen. **Genom att förvandla tänkandet till ett sinnesorgan och viljan till ett kroppsbildande offer skapas en andning som leder genom hjärtats mittpunkt och gör att uppståndelsekropparna kan utvecklas i kärlek.**

På det viset samverkar konsterna inom en kristen mysteriekult.

---

[41] Se Rudolf Steiner, GA 93, föredrag 11 november 1904, s. 76 och s. 78.

Återblick

Bildar andliga väsenden medvetande i oss?
Genom våra frågor och vårt intresse?
Väsendet i den kraft som jag frågande rör mig i lyser genom minnet synligt upp för mig i rörelsens form: en gestalt som samtidigt är rörelse.

Ett förhållande av kontinuerlig och närvarande varseblivning innebär att lyssna, fråga och minnas medan man blir varse. Det är kontemplativt – ett kärleksförhållande till det väsen som man varseblivit på det viset.

I det vardagliga medvetandet är vi avskilda från vår omgivning. Förhindrar detta möjligheten till ett kultiskt medvetande?

1. <u>Att förstå det övergripande sammanhanget genom att tänka:</u>

Är en själfull tankeupplevelse av minnet i nuet och en aning om det gemensamma förflutna ända tillbaka till urbegynnelsen förutsättningar för en tidsenlig mysteriekult?

2. Att förstå det övergripande sammanhanget med hjälp av känslan:

Är även varseblivning ("wahr-nehmen" = att hålla för sant) en förutsättning för en tidsenlig mysteriekult?

3. Att förstå det övergripande sammanhanget med hjälp av viljan:

Mitt medvetandes uppvaknande i min avskildhet.
Den egna personens uppvaknande med skuldmedvetande. Är personens eget ansvar en förutsättning för en tidsenlig mysteriekult?

Medvetande som individ.
Individen som port mellan rum/tid och evighet. Hur är den här porten beskaffad?
Var måste jag knacka på för att kunna gå igenom den?

- *Punkt*
- *Rumskoordinatkors*

Hur kan jag nå fram till en sådan port?
Vart leder individens portögonblick?

Att uppleva mitten genom att skapa jämvikt.

Kontemplation som jämvikt mellan

den sinnligt-fysiska och den sinnligt-andliga världen

det förflutna och framtiden,

individ och kosmos.

= rumskoordinatkorsets mittpunkt.

Begreppet "jag" uppstår från väsendets mitt,

upplevs genom skapandet av jämvikt.

Det jag som blev synligt som *verksamt* i den oändligt lilla punkten, det rumsliga koordinatkorsets mitt, är det "sanna jaget".

Denna mitt är alltså en "jagets port".

Var hittar jag sådana jagets portar?

Portens beskaffenhet har en alltmer differentierad existens.

Födelse och död är portar där det sanna jaget blir synligt i sin existens och verkan.

Hur kan jaget röra sig, utvecklas?

Det sanna jaget som är odelbart och oändligt litet och inte kan röra sig rumsligt skapar åt sig omgivningar och omvandlar sig. Det förvandlar sig i ordets rätta bemärkelse.

Det är en port som aldrig kan uppsökas en andra gång, man kan alltid på nytt nå fram till den.

Det är förvandlingen som är det sanna jagets rörelse.

<u>Första mitt-bildningen</u>

Med konstnärligt skapade portar finns det möjlighet att lysa upp medvetandet om det sanna jaget på jorden, att skänka medvetande till den som är verksam i mitten, vars verksamhet varseblir mitten.

Att bära det sanna jagets medvetande ner till jorden är ett av huvudärendena för de mysteriekulter som är förbundna med Kristus.

Kroppens uppståndelse genom att Kristus, det sanna jaget som gäller för alla människor, offrar sig in i materien.
För att vandra med Honom bör man inte bortse från materien, utan besjäla och förlösa den.

Formkroppen utför en kosmisk andning.

Kristus utför formkroppens rörelse som sin egen.

De mysteriekulter som är förbundna med Kristus förnimmer Honom som ord som bärs av Hans andning. Det är därför de är verksamma "neråt" ända till formkroppen som ligger till grund för materien.

"Konstgjorda portar är bildkonstverk.

Portarna är förvandlingens platser.

- *Väktare vid porten*
- *Tecken och grepp*

Deltagaren omvandlar i sin kroppslighet sitt medvetandes ort.

Jag skrider genom porten in i en annan omgivning, jag förvandlar mig själv.

Att bli betraktad av väktaren innebär att hela processen inte är ändamålsinriktad.

Självmedvetandet uppfattar inte längre andra väsen

Glömskans bägare: lämna självmedvetandet med mitt förflutna utanför.

– *Ord*

I port-ögonblicket är jag omgivning, ordets förvandling. Jag är ordets gest.
Genom min förening med ordet förvandlas samtidigt det sanna jaget som lyser upp vid porten.

Transsubstantiationens kainitiska form.

Viljebeslut: jag blir porten som förbinder och förenar världarna.
Därav behovet av mysteriekultiska förrättningar.

– *Ritual*

Portögonblicket som samtal och förening.
Kult: att placera det andliga ljuset i jorden och ta hand om det. Kult som andningsrörelse mellan kosmos och jorden.

Mysteriekulten förbinder det eviga väsen som lever i materien respektive den fysiska kroppen med det eviga i anden, förbinder tid och rum med evigheten.

– *"Materia"*

Hur ska jag kunna komma till ett annat sätt att se?

På "vägen" hålla sig i balans, i jaget.
Det är vägen är porten.
Mitt sätt är ett beslut för vägen. Ett beslut för *jagets rörelse i kärlek.*

Gripbart är endast det vars existens utanför mig själv jag har fastställt i gripandets ögonblick.

Det är begreppsbildningen som banar vägen.

Om jag däremot inte fäller något omdöme, utan går vägen genom portögonblicket, kan jag känna inifrån på det främmande, kan begripa det inifrån.

Kulten innebär att plantera det andliga ljuset i materien. Den handlar om jagets kärleksfulla rörelse som offrar sig in i materien.
På det viset blir människans vilja till ett sinnesorgan i jagets kärleksfulla rörelse.
Viljan är verksam som mottagare.

Jag är du.

Varje väsen har sitt eget tillträde till porten. En enda port för alla väsen: det sanna jagets port. I och med denna ports beskaffenhet befinner jag mig i alla väsendens mittpunkt.

– Styrka

Andra mitt-bildningen

Nuet som en oändligt kort tidpunkt.

Nutiden som en sammanflätning av det förflutna och framtiden är samtidighetens nutid.

Samtidighet är tidlöst. Den leder bort från den linjära tidsuppfattningen om en början och ett slut.

– Passare

Nuets mitt-bildning i samtidigheten befinner mig i väsendenas periferi.

Människan bär väsendenas alla förvandlingsstadier inom sig.

Jag förlöser rummets illusion genom att uppleva väsendenas förvandlingsrörelse (första mitt-bildning).

Jag förlöser tidens illusion genom att göra väsendenas alla förvandlingsstadier *synliga* (andra mitt-bildningen).

- *Lod*
- *Vinkelhake*
- *Passare*
- *Symbol*
- *Nytt symboliserande*

Symboler gör det möjligt att se klart på högre medvetenhetsplan utan att förlora kontakten med jordens gestaltande kraft.

Det är en skapande insikt som samtidigt är verksam i jorden genom att bilda frön.

- *Samvete*
- *Högmiddag*

Att förstå väsen: bli varse förvandlingsstadiernas rörelse.

- *Solens bana*
- *Forntidens bröder*

Det är i nutiden som kontakten med Gud upprätthålls.
Synlig sinnesnärvaro.

Att skapa samtidighet: tiden får ett rumsperspektiv.
Att skapa synlig sinnesnärvaro: rummet får ett tidsperspektiv.

Sinnesnärvarons tidsperspektiv i kärleksfull bildning genom att själsligt vårda sig om relationen till anden.

Förvandlingsstadier som synliggörs i samtidigheten visar i sina övergångar de andliga väsendenas rytmiska rörelser.

- *Rytmer*

Ordet för respektive grad visar den tillhörande rytmen.

- *Skönhet*

Varför har ordet en så avgörande betydelse i kulten?

– *Bibeln*

<u>*Tredje mitt-bildningen*</u>

I urbegynnelsen var Ordet.
Formen är livets kropp.
Livet skapar framtida form.
Ordet är ett väsen som samtidigt formar rum och tid:
rum i den mån konsonanterna utgör kalken för vokalerna,
tid i den mån vokalerna utgjuter sig i konsonanterna i det de offrar sin kosmiska gudomlighet.
Konsonanter som kosmiska former.
I vokalerna livet, människornas ljus.

– *Rätt tid*
– *Rätt plats*
– *Renhet*

Därför bestod mysterieelevernas uppgift i att med sitt jag steg för steg förvandla de djurkretskrafter som på jorden hade blandat sig med planetkrafterna och hade sjunkit nedanför det mänskliga riket.

- *Uraeusormen*
- *Ormen som biter sig själv i svansen*
- *Chakra*

Flera stadier av möjligheter till att komplettera vokalerna.
Det heligaste sättet att uttala vokalerna var förknippat med uppenbarelsen av ett högt andeväsen som kunde gjuta in sig självt i den kropp som människan format med sitt uttal.

Tempel som Guds kropp
Tempel för en guds namn

Var befinner sig periferin
Där jag tänkande kan förbinda mig med väsen?

I mitt-bildningen genom Ordet befinner jag mig samtidigt i den kosmiska periferin och i min egen mittpunkt.

Genom Ordet andas båda mittpunkter med varandra och är ett. De är ett i Ordet.

Den första mitt-bildningen var mittpunkten i rummet, i det mikrokosmiska jaget.
Den andra var i periferin.
Den tredje mitt-bildningen är andningsprocessen mellan den mikrokosmiska mittpunkten och den makrokosmiska mittpunkten i periferin.

– *Vishet*

I mysteriekulten sker ljudbildningen med formkroppen.

– *Kultisk eurytmi*

Mysteriekulten hjälpte att förbereda Golgata-mysteriet.
Dess tidsenliga uppgift: att verka för Ordets uppståndelse?

Om det heliga Ordet tidigare byggde på konsonanter – måste det i dag på ett tidsenligt sätt grunda sig på vokalernas innerlighet?

Förundran (A), kärlek och medkänsla (O/Å) och samvete (I): de tre mitt-bildningarna med det sanna jaget.

Nya gemenskaper utifrån Ordet?

Det mänskliga jaget som en individuell konsonantisk kalk i vilken den uppståndne Kristus blommar upp som vokalton. Tillsammans bildar de det heliga Ordet.

Omkretsens jag talar och bär handling till centrumets jag som centrum-jagets karmiska verkan som framkallats av utandningens form.

Tidsenlig kult – lika många kulter som det finns andliga väsen som älskas av människor?

Kommer de nya gemenskaperna att grundas i människors hjärtan och instiftas av andliga väsen?

– *Konst*

Medvetande (kunskap), hjärtats intresse (kärlek) och inlevelse i skaparkrafterna (offer) är förutsättningarna för en verksamhet i enlighet med Skapelsen.

Fri konst är kärlekens rörelse som vill synliggöra och utveckla där väsen skapas kärleksfullt och blir synliga.

Är denna form av konst detsamma som en kult?

- *Kunglig konst*
- *Tempellegenden*

Hiram	*Bildkonst, hantverk*	*Styrka*
Bilqis	*Talande och musicerande konster*	*Skönhet*
Salomo	*Sociala konster*	*Vishet*

Som ett uttryck för jaget är konsten tredelad, eftersom jaget står i ett levande förhållande till Treenigheten.

Hiram	*första mitt-bildningen*	*imagination*
Salomo	*andra mitt-bildningen*	*inspiration*
Bilqis	*tredje mitt-bildningen*	*intuition*

–	*Änkans söner*
Bildande konster	*Formkropp*
Sociala konster	*Astralkropp*
Talande och musicerande konster	*Eterkropp*
Kristi nya uppståndelsekroppar.	

Genom att förvandla tänkandet till ett sinnesorgan och viljan till ett kroppsbildande offer skapas en andning som leder genom hjärtats mittpunkt och gör att uppståndelsekropparna kan utvecklas i kärlek.

På det viset samverkar konsterna inom en kristen mysteriekult. Ljussjälsprocessen utifrån symboliseringen.

Strukturerad återblick:

Förutsättningar för kulten

genom att tänka, känna, vilja

Jagets port

Första mitt-bildning: rummet

Förvandling som det sanna jagets rörelse

Formkropp

Portens väktare

Tecken, grepp och Ord

Ritual – kult

Styrka

Andra mitt-bildning: tiden

Nuet oändligt kort

Samtidighetens närvaro

Cirkel, lod, vinkelhake

Symboler

Forntidens bröder från

Sinnesnärvaro

Rytm

Skönhet

Tredje mitt-bildning: individualitet och kosmos

Bibel

Form/liv

Konsonanter/vokaler

Tempel för Guds namn

Andningsprocess utifrån mikrokosmisk och makrokosmisk mittpunkt

Vishet

Kultisk eurytmi

Nytt heligt Ord

Nya gemenskaper utifrån Ordet

<u>*Tidsenlig kult*</u>

Konst/kunglig konst

Tempellegenden

Hiram, Bilqis, Salomo och de tre mitt-bildningarna

Änkans söner

Tänkandets förvandling till sinnesorgan

Viljans förvandling till kroppsbildande offer

Kristen mysteriekult

Ljussjälsprocess

Avrundning och inre stärkande – ett slags epilog (CG s 134)

Under tusentals år har mänskligheten i olika strömmar spritts över jorden. När de närmade sig varandra eller kolliderade med varandra inträffade åtskilliga obehagliga övergrepp. Men ingen av strömmarna är bättre eller rättare än den andra, utan alla tillsammans bildar en ringdans som gör det möjligt att förnimma kärlekens levande väsen. Det kan inte begripas utifrån bara en enda strömnings ensidighet, eftersom det väsentliga elementet ligger i den rörelse som uppstår när man låter den *andra* leva och utvecklas.

Det är genom de olika facetterna av mänsklighetens strömmar som Kristus kan ses på ett heltäckande sätt.

Frågornas utveckling i den här boken har arbetat fram den rörelse som ligger till grund för mitt-bildningen som genom upplevelsen av Ordet kan leda till en varseblivning av det mikrokosmiska och det makrokosmiska jaget och som pekar på andningsprocessen mellan de två. Att uppleva detta som Kristi väsen kan man även som enskild människa få en aning om. Och en annan person från den egna strömmen kan innebära en variation av den egna ensidiga synen genom att bredda bilden. Men om jag kan öppna mig för en människa från en annan strömning, kan jag få en gåva i form av en Kristusbild som är mer levande och uppvisar fler synvinklar.

När jag upplever en människa från en annan strömning blir det som är gemensamt med min strömning tydligt för mig, och denna gemensamhet blir synlig som Kristi väsen. Ju fler strömmar vars gemensamheter med min ström jag kan se på detta sätt, desto tydligare blir Kristi rörelse som är gemensam för alla människor.

I början av ett möte med en annan ström lägger jag märke till skillnaderna: den är mer perifer eller innerligare, mer bildmässig eller mer konceptuell och så vidare. När jag sedan kommer in på jagets förhållande till möjligheten till perception och kunskap, framträder en allt tydligare gemensam rörelse som lyser i alla strömmar bortom avgrunden. Vägen till avgrunden, som för var och en är präglad av den egna strömningen, har dock finslipat det perspektiv genom vilket en facett av Kristus sedan belyses på andra sidan av avgrunden.

Att människor samlas i en överordnad gemenskapsbildning bör därför inte utgå från *en* enda strömning. Människor som delar ansvar bör inte samarbeta därför att de så okomplicerat som möjligt kommer överens med varandra, utan dessa nya gemenskapsbildningar bör värderas desto högre ju mer de uppfattar acceptansen av en annan strömning som en förutsättning för att kunna bilda en krets av tolv olika kosmiska strömningar. När människor från tolv olika världsströmningar samarbetar som var och en känner ett hjärtats ansvar för sin strömning, då lyser Kristus i deras verk med oanad klarhet.

Om var och en i sin strömning har gått igenom korsets tre mittbildningar, så som de till exempel har framgått i den här boken, resulterar föreningen med de andra strömningarna i den mikrokosmiska delen av en dodekaeder (tolv personer som motsvarar de tolv femkantiga ytorna). Varje del kan förenas med sin makrokosmiska motsvarighet från djurkretsen för att bilda den kärleksdodekaeder som utgör det antroposofiska arbetets grundsten.

Rudolf Steiner arbetade gång på gång med denna form av tolv personer. Enligt Massimo Scaligeros självbiografi höll Rudolf Steiner till och med på att bilda en sådan överordnad grupp på tolv ockultister av olika riktningar som han ville förhindra första världskriget med.[42]

När det gäller Rudolf Steiners ockulta arbete vill jag skriva ner

---

[42] Se Giorgio Tarditi Spagnoli, *"Mystica Aeterna"*, egenutgåva, Capitolo 7: La Cerchia dei Dodici

några detaljer som jag känner till. Jag kommer att göra detta ganska grovt för att peka på vad som förefaller mig vara en väsentlig röd tråd som man inom Antroposofiska sällskapet försökt dölja i nästan hundra år, först av rädsla för makthavarna under andra världskriget och sedan av rädsla för att förlora kontakten med världen som stämplat allt esoteriskt som sekteristiskt. Det ändrades först vid millennieskiftet.

Ett annat problem var att namnen frimureri och ockultism allmänhetens medvetande blev förknippade med politiska och makthungriga grupperingar som anstiftade krig. Även om dessa grupperingar var ytterst effektiva, utgör de likväl bara ockultismens "svarta får". Deras spel skulle lyckas perfekt om man nu, då det mellaneuropeiska kulturlivet redan är försvagat av krigen, inte ens skulle ta upp de nycklar som finns i frimurarnas ritualer. Folks omdöme om ockultismen liknar en osynlig fångenskap som gör att man inte vänder blicken mot mysterieströmmarna, eftersom de för Europas del just hade fångats upp av frimureriet.

Den antroposofiska *rörelsen* har tagit upp dessa strömningar, men i och med Rudolf Steiners död har de i en viss, ganska praktisk mening förlorat sin koppling till Antroposofiska sällskapet. Den symbolkultiska delen var vilande, endast aktiv i kärnan, och Fria Högskolans tredje klass hade ännu inte bildats. Man *talar* bara *om* dessa strömningar. Genom Rudolf Steiners död uppstod för alla en avgrund som inte skulle blivit lika djup om förbindelsen hade upprätthållits oberoende av honom. Det positiva med detta faktum är att det tidsenliga sökandet i det egna hjärtat behövde börja vartefter.

Visserligen sker personlighetsutveckling oftast genom att man skjuter bort men lever inte den fria människans utveckling av urskiljningsförmågan? Och det är enbart i denna mening som jag åter vill öppna ögonen för Rudolf Steiners ockulta arbete. Det vore synd att ”kasta ut barnet med badvattnet”.

När Rudolf Steiner begreppsmässigt distanserar sig från ”frimureriet”, syftar han på det engelska frimureriet St. John's Degrees som 1723 gjorde anspråk på att bestämma över hela världen vem som var eller inte var erkänd frimurare. Beroende på publik använde han antingen namnet som var brukligt i vardagen eller så avgränsade han sin egen strömning genom att i detta avseende tala om ockult frimureri eller helt enkelt bara om ockultism.

Han hade varit med i denna strömning sedan studietiden i Wien. Där vistades han regelbundet i teosofen Friedrich Ecksteins krets. Av Helena Blavatsky som arbetade inom det ockulta frimureriet hade Eckstein fått ett rosenkors vilket är förknippat med den artonde graden, så han tillhörde Teosofiska samfundets ockulta krets. Han arbetade inom en ganska livlig frimurarström där ritualer utfördes av Johann Baptist Krebs, som i frimurarkretsar kallade sig Kerning. Kerning var operasångare, med andra ord mycket förtrogen med fonetik. Dessutom hade han ett utbyte med den framstående kabbalisten Franz Josef Molitor. Man anar sammanhang när man läser att Molitors loge ingick i lantgreven Carl von Hessen-Kassels ström som i sin tur samarbetade med Saint Germain. De övningar som är kända från Kerning handlade om ljudets utformning och rörelse. Man kan dra slutsatser av dem angående ritualerna: de måste ha innehållit pytagoreiska element om tonhöjdsförhållanden samt kabbalistiska element om ljudhemligheter och kan därför placeras i Misraimtraditionen. Eckstein beskrev Rudolf Steiner som en person som kommit mycket långt i dessa övningar. Senare gjorde Rudolf Steiner sådana ockulta övningar allmänt tillgängliga som eurytmisk konst. Eurytmins nära släktskap med det rituella skeendet framgår av det faktum att Eckstein aldrig ville se några eurytmiföreställningar, eftersom han ansåg att där förråddes mysterier.

Hur nära relationen till Eckstein var framgår av ett brev till honom där Rudolf Steiner skrev: ”Det finns två händelser i mitt liv som haft en så stor betydelse för min tillvaro att jag hade varit en annan människa om de inte hade inträffat. Den ena måste jag hålla tyst om, men den andra är det faktum att jag lärde känna Er."[43] Eckstein i sin tur skrev långt senare att Rudolf Steiner hade bett honom att bli invigd i den "hemliga doktrinen".[44] Invigning innebär inte att bara få den uppläst. Rudolf Steiner var dock helt tyst om detta, vilket var brukligt på 1700- och 1800-talen. Den rådande disciplinen innebar att endast betrakta initiationen som en inre vägledning. Jag menar inte att han skulle vara bunden till sekretess när det gällde de andliga sanningar som han själv utforskade. Men han yppade inget om sina ockulta relationer, det vill säga om vilka väsen han kunde samverka med för att arbeta fram resultaten av sina frågor.

Hans strävan att hålla tyst om sin ockulta bakgrund framgår också tydligt av hans brev till Marie von Sivers eller Albrecht Wilhelm Sellin. I de tidiga breven nämner han ofta de mästare som han samtalar med. Men i ett brev från den 25 februari 1907 är han upprörd över att Annie Besant gör otillbörligt bruk av mästarna genom att åberopa dem för att få makt över Teosofiska samfundets

---

[43] Rudolf Steiner, GA 39, brev den 30 november 1890

[44] De historiska detaljerna i detta avsnitt kommer från Rolf Speckners forskningsarbete och finns samlade i hans manuskript: "*Rudolf Steiner als Freimaurer*".

administrativa ledning. Han skriver: ”Mästarnas uppgift är kunskap …”.[45]

Efter det var han också tyst om mästarna som ”uppdragsgivare” – ända tills han sedan i Fria Högskolans första repetitionstimme talar om de ”rätta Mikael-orden”. Jag tolkar det så att han själv *som kunskapande människa* har lyckats finna orden för det outtalbart ockulta. Han betraktar dem alltså inte som ett budskap från en andlig värld *utanför* honom, ett budskap som mottagits som ett slags uppdrag, utan att han har tagit emot dem som ”rätt budskap” genom viljande tänkande, mottagande vilja, hjärtats kunskap – genom att *vara ett* med det väsen från vilket orden kommer.

På det viset hade han förvandlat det ockulta tystnadsbudet som bland annat syftade till att inte göra andra människor ofria. Han kunde uttala ockulta sanningar så att varje välvillig människa steg för steg kunde följa dem med ökad kunskap. I rätt mikaelisk anda hade han hittat ord ”nerifrån”, utifrån människan: Mikaelord.

I september 1900 höll Rudolf Steiner för första gången ett föredrag i en teosofisk krets i Berlin. Att han bara två år senare, den 20 oktober 1902, valdes till generalsekreterare för Teosofiska samfundets tyska sektion var ingen tillfällighet. En av dem som föreslog honom var Wilhelm Hübbe-Schleiden som tillhörde de

---

[45] Rudolf Steiner/Marie Steiner von Sivers, GA 262, sid 176

ockulta kretsarna kring Eckstein och Alois Mailänder. Där kände man honom och hyste förtroende för honom. Rudolf Steiner hade då redan under två decennier haft beröring med det ockulta arbete som försöken att grunda ett teosofiskt samfund i Tyskland utgick ifrån.[46]

Hur djupt han var involverad i det arbetet blev tydligt för mig när jag såg ett dokument från en Memphis-Misraim-orden från 1800-talet. Det var undertecknat av tolv personer med högt ansvar, däribland Rudolf Steiners underskrift som enligt frimurartradition var försedd med Memphis-Misraims högsta grader. Även Manfred Schmidt-Brabant kände till detta.

Vad är det för mystisk verksamhet som Teosofiska samfundet då ägnade sig åt? I dag – och detta leder oss tillbaka till bokens början – har vi i Antroposofiska sällskapet glömt vår mor som vi kommer från. Det är därför vi drar oss för att se på det ockulta ursprunget. Vi har uppstått ur frimureriet. Utifrån de höggradiga logerna försökte man skapa ett slags sällskap i förgården, och därför grundades Teosofiska samfundet.[47] Man ville värva medlemmar, skapa en bro till den alltmer tanketunga omvärlden, utbilda människorna genom föreläsningar så att de lärde sig varsebli

---

[46] Se Rudolf Steiner, GA 93, föredrag 23 oktober 1905 på förmiddagen

[47] Ibid.

andliga väsen – man ville upprätta en förbindelse mellan himmel och jord.

Det var Giuseppe Garibaldi och Helena Blavatsky som sammanförde två traditioner till en enhetlig rit, nämligen den rosenkreutziska mysterieström som inom frimureriet kallas Memphis-rit, och ordets kabbalistiska mysterieström som inom frimureriet kallas Misraim-rit.

En annan rit är den skotska tempelriddarström som utvecklades ur social gemenskapsbildning som en omvänd kult. När Blavatsky senare vistades i Amerika övervägde hon tillsammans med John Yarker att skapa en tredelad rit av denna ström samt Memphis och Misraim: *United Scottish, Memphis and Misraim Rite.* I historieböckerna nämns inte Blavatskys namn i samband med dessa etableringar, eftersom miljön fortfarande var starkt mansdominerad. Men hon hade hela denna tid utbyte med de nämnda personligheterna.

När Teosofiska samfundet grundades i New York 1875 var det denna tredelade rit man utgick ifrån. Blavatskys huvudintresse var att häva det andliga mörkret och ockupationen av mysterierna sedan anden avskaffats. Den katolska kyrkan hade vid konciliet 869/870 bestämt att det bara skulle finnas kropp och själ. Blavatsky ville återigen skapa medvetenhet i breda kretsar om människans tredelade natur i form av kropp, själ och ande. Naturligtvis inte på det noggrant differentierade sätt som senare Rudolf Steiner, utan helt enkelt genom att modigt återinföra den tredelade naturen.[48]

Efter Blavatskys död 1891 var Annie Besant ansvarig för de teosofiska grupper i Tyskland som tillhörde Adyar. Hon hade nekats inträde till Memphis-Misraim, förmodligen därför att hon var politiskt aktiv. Så hon gick med i en västerländsk orden som kallades Droit Humain. Bara för att förklara verksamhetens karaktär vill jag tillägga att hon trots allt grundade 400 loger där[49] som hade samröre med Teosofiska samfundet. Hon förde samfundet åt österländskt håll och samtidigt – även om det låter paradoxalt – i en materialistisk riktning genom att lära ut den östliga vägen som en ren teknik. Samtidigt och i samma anda hade Yarker gett den tredelade riten till Theodor Reuß för Tyskland.

Från och med 1904 försökte Rudolf Steiner få Theodor Reuß att överföra stormästarämbetet till honom. Rey accepterade slutligen och ingick ett avtal med honom: om Rudolf Steiner kunde redovisa hundra medlemmar som också var beredda att betala en avgift, skulle Reuß överlåta ämbetet till honom. Varför, frågar nog somliga

---

48 Se Helena P. Blavatsky, *Isis Unveiled,* andra volymen

49 Se Rolf Speckner, *Rudolf Steiner als Freimaurer,* manuskript

antroposofer, hade Rudolf Steiner gjort detta? Varför behövde han denna förbindelse, då han ju kunde arbeta fram allt ur sig själv? Jo, han behövde den inte för sin egen skull, utan för att rädda denna mysterieström.

I kapitel 36 av hans självbiografi tar han upp den frågan och skriver att han också kunde ha arbetat utan medlemskapet, men att han sökte det för kontinuitetens skull. Kontinuiteten innebär ett stort ansvar. Den utgör de andliga väsendenas ”blodomlopp”. Man kan uppleva strömmens kontinuitet i sitt egna inre oberoende av yttre tilldragelser. Till exempel kan man bära den inom sig från tidigare jordeliv. Men den kommer alltid att leda utåt till de människor som i dag arbetar inom samma ström, och den kommer att leda fram till strömmens namn. Och dess väsen kommer att försöka förena alla som bär dess namn. Det är så att säga väsendets naturliga behov för att inte vill bli schizofrent och sönderslitet. Och genom att knyta an till denna ström, både i det yttre och med sitt inre, tar man också på sig dess väsens karma. Därför var det så viktigt för Rudolf Steiner att fortsätta i den tredelade ”Förenade skotska, Memphis- och Misraim-riten”, eftersom det handlade om den ström som han var förbunden med.

Det utesluter ju inte att människor inom frimureriet som hörde hans instruktioner också entusiastiskt frågade honom efter en vitalisering och förnyelse av deras riter.

Av överenskommelsen med Theodor Reuß framgår att Rudolf Steiner inte förhandlade med honom som en profan utomstående, vilket de flesta tror. Det går inte att föreställa sig att någon som inte ens skulle varit invigd kom och förhandlade om stormästarämbetet. Det skulle vara en fullständigt absurd procedur och skulle rimma illa med Rudolf Steiners andliga personlighet som jag känner till. För honom var det viktigt att ta med sig denna mysterieström och leda den in i rätt kanaler. För att inte tala om avtalets uppgifter angående hans grader. De liknar dem i det beskrivna dokumentet och anger de högsta graderna inom Memphis-Misraim som man kan uppnå utan att inneha stormästarens ämbete. Dem torde han knappast ha köpt av Theodor Reuß.

Hur stämmer detta överens med den ofta citerade meningen från Rudolf Steiners brev till Sellin: ”Nyligen har jag tvingats att i min ockulta verksamhet ta upp något som efter vissa förutsättningar skulle kunna beskrivas som en utveckling i riktning mot ockult frimureri ...”?[50] Hade han då, 1906, precis börjat med frimureriet, eller rättare sagt med det ockulta frimureriet? Han bad Sellin att

---

[50] Rudolf Steiner, GA 265, brev den 15 augusti 1906

läsa orden fullständigt exakt: han hade varit tvungen att ta upp något i sin *verksamhet.* Om han var medlem i en loge eller inte skulle nog aldrig nämna och ännu mindre skriva om. Här avsågs dock ett mycket viktigt steg för Teosofiska samfundet. Det är där Rudolf Steiner var *ockult verksam.* I sina föreläsningar där tog han upp ockultismen och klädde den i ord. Och han knöt an till Blavatskys Esoteriska skola som Annie Besant hade orienterat starkt österut medan han fyllde den med rosenkreutziska innehåll. Han var verksam som esoterisk lärare. Och nu saknade han den påbyggnad som hos Blavatsky ännu kunde följa på Esoteriska skolan, nämligen det ockulta frimureriet ur vilket Teosofiska samfundet hade grundats som en förgård. Genom Blavatskys död förlorade det ockulta frimureriet sin direkta förbindelse till samfundet, eftersom Annie Besant inte fick någon tillgång till Memphis-Misraim. Och då samfundet stod utan anknytning till ockultismen förlorade Esoteriska skolan på kort tid sin makt. Med Rudolf Steiners person återupprättades denna förbindelse. Och han såg nu nödvändigheten att åter koppla samman Esoteriska skolan med det ockulta frimureriet. Inte minst av den anledningen att de enskilda elevernas utbildning inte skulle fastna i egoismen, inte heller i dess högre form, utan utbildningen skulle kunna ställas i de andliga väsendenas tjänst. I ett kultiskt arbete skulle kroppen kunna formas för högre väsen. Enligt min åsikt är detta den moraliska bakgrunden till att han ville etablera ett ockult frimureri som en avdelning inom den teosofiska rörelsen.

Det är också betydelsefullt att det handlar om en avdelning inom den teosofiska *rörelsen* – inte inom Teosofiska samfundet. Frimureriet var nämligen inte en del av samfundet eller demokratiskt administrerat, utan tillhörde en överordnad byggnad. Den teosofiska *rörelsen* är ett *uttryck för* den mysterieströmning som spriddes från kabbala via tempelriddarna och deras bygghyddor och sedan genom rosenkreutzarna in i det ockulta frimureriet i Europa.

Vidare skriver Rudolf Steiner att han bara kunde ha ignorerat Reuß orden om Reuß hade avvisat en överenskommelse, för det hade varit illojalt att inte göra vissa *historiska* eftergifter som ockultismen måste göra. På det viset har frågan om kontinuitet, som jag redan har belyst, helt sakligt omtalats av Rudolf Steiner.

Han inte bara ville, utan hade ”*tvingats*”, som han skriver, att åter knyta an till den ström ur vilken Blavatsky hade grundat Teosofiska samfundet. Och den hade, i sin världsliga aspekt, hamnat hos Theodor Reuß. Och Rudolf Steiner ville åter ta upp och vitalisera den. Men han var angelägen om själva strömmen och dess väsen, inte om ritualerna som Theodor Reuß under tiden hade utformat.

I vilken utsträckning denna ström utgjorde en del av Rudolf Steiners väsen framgår också av ett anförande som Marie Steiner höll vid en offentlig frimurarkultisk högtid på första årsdagen av hans död. Här betonar hon den inre karmiska rytm i hans liv som i de viktigaste grunddragen överensstämde med Hiram. Till sist kulminerar hennes tal med följande uttalande: ”Rudolf Steiner levde denna legend [Tempellegenden], han förverkligade den i fysisk handling, han blev legenden.”[51] Ockultismen är hans centrala, inre livspuls.

Långt innan första världskriget utbröt fysiskt skakades redan den andliga världen på ett avgörande sätt. En av de omskakande händelserna inträffade då Reuß tilldelades den tredelade mysteriekulten. Rudolf Steiner försökte att utjämna det steget. Men ett halvår innan Rudolf Steiner hade uppfyllt sin del av kontraktet förstörde Reuß den tredelade kulten och överlämnade endast Misraim. För att inte ytterligare elda upp kriget höll sig Rudolf Steiner till det som fanns kvar och utformade de första graderna med endast ett centrum i den arkitektoniska uppbyggnad som motsvarar Misraim. I de lägre graderna finns det ingen möjlighet att arbeta i avskildhet utan att besökare från andra loger också får delta, så Rudolf Steiner stod under observation i detta arbete. Men i

---

[51] Rudolf Steiner, GA 265, sid 487

de högre graderna kunde han arbeta internt endast med förtrogna personer från den antroposofiska rörelsen. Här kompletterade han Misraim-riten med kärnan i Memphis- och de skotska riterna. Detta betyder inte att han tog över yttre rituella delar. Det var den inre rytmen från de andliga väsendenas bildkrafter han införlivade i sitt kultiska arbete.

Den rytmiska struktur som uttrycker sig genom de tre andliga väsendena i den skotska samt i Memphis- och Misraim-riterna är följande:

· Memphis-ritens väsen är alkemiskt och rosenkreutziskt. Det dominerar formkrafternas individualisering efter döden, det som bildar de vises sten eller uppståndelsekroppen. Ur väsendets andliga ström uppstår bildkonsten och hantverkskonsten. Dess rytm tar tag i formkroppen och förvandlar den till andemänniska.

· Misraim-ritens väsen är snarare mikaeliskt och kristligt. Det råder över viljans förvandling till en kärleksfull vilja. Här finns anlag till det inre ordets rörelse- och recitationskonst. Dess rytm tar tag i eterkroppen och förvandlar den till livsande.

· Den skotska ritens väsen är helt och hållet präglat av tempelriddarströmmen och uppenbaras i den mänskliga gemenskapen som en ”omvänd kult”. Den här kulten kommer inte uppifrån, utan den grundas i brödernas hjärtan och var och en skapar nerifrån sin tillgång till den andliga världen. Genom sin grund i hjärtan har kulten den sociala möjligheten att synliggöra karmiska lagbundenheter. Det är den sociala konsten som uppstår ur dess impuls. Dess rytm tar tag i astralkroppen och förvandlar den till andesjälv.

När första världskriget närmade sig 1914 var Rudolf Steiner tvungen att låta Misraim-tjänstens lägre grader somna in, eftersom de politiska makthavarna betraktade alla möten i loger, där arbetet ju utfördes över nationsgränserna, som möjligt spioneri och konspirativt ingrepp i deras maktstrukturer. Att "låta somna in", som Rudolf Steiner skriver, betyder inte att stänga för gott. Med denna frimurarformulering beskriver Rudolf Steiner i sin självbiografi den här situationen.[52] Det innebär att arbetet när som helst kan väckas igen. På några platser kunde Misraim dock fortsätta aktivt, till exempel i Norge och i Hamburg. I centrala Hamburg skötte Otto Westphal ett tempel för Rudolf Steiners arbete i sitt hyreshus på Große Theaterstraße 25. Här fortsatte arbetet under eget ansvar, under krigen kamouflerat som tebjudning. Rudolf Steiner avslutade arbetet i Norge 1919, medan

---

[52] Rudolf Steiner, *Mitt liv*, GA 28, kapitel 36

arbetet i Hamburg kunde fortsätta. Varför intog Hamburg denna särställning? Var det bara det egna templet?

I samband med Tempellegenden beskrev jag hur Christian Rosenkreutz introducerade legenden i de ockulta brödraskapen i Europa som ett slags andlig grundsten. Därför är det kanske förståeligt att den här frimurarströmmens mästare just är Christian Rosenkreutz. Dessutom blir det ännu tydligare när man vet att rosenkorsorden med sin alkemi också har påverkat det ockulta frimureriets tredje klass.

När Rudolf Steiner 1911 försökte grunda ”Gesellschaft für Theosophische Art und Kunst” betonade han som princip att varje individ var ansvarig för att självständigt knyta an till stiftaren Christian Rosenkreutz, så att sällskapet kunde slå rot i medlemmarnas hjärtan. Den principen visar att grundandet och instiftandet inte längre kunde påtvingas utifrån, utan att det i människornas hjärtan skulle uppstå en väv mellan uppe och nere.

Jag kan inte bedöma hjärtat hos de människor som delade det ockulta arbetet med Rudolf Steiner i Hamburg, men jag uppfattar att de på eget ansvar gav den grupp de grundade namnet ”Christian Rosenkreutz-loge” (vid den här tiden kallades grupperna fortfarande för loger), trots att Rudolf Steiner varnade dem för den svåra väg de skulle behöva gå, och jag blir varse, när jag läser invigningsföredraget den 17 juni 1912[53], att det bara var tjugo minuter långt och ägde rum i ett rosenkorstempel för artonde graden (som motsvarar Miriams femte grad). Vad mer skedde sedan? Detta ockulta arbete avslutades inte av Rudolf Steiner efter första världskriget och har fortsatt genom årtiondena fram till i dag, även om det inte längre finns något samband med den gruppen.

Fria Högskolan för Antroposofi var ett försök att sedan, sju gånger sju år efter Teosofiska samfundet hade grundats, skapa ett första steg i en esoterisk utbildning som alla människor kan genomgå, oavsett deras karmiska strömning. Det första steget arbetar med imaginationen, en väg som alla kan påbörja med hjälp av tänkandet och åtminstone imaginativt leder över avgrunden. Ett andra steg, som i ett slags dramatiskt skeende skulle leda till att kunna höra det inre ordet, kunde inte längre skapas på grund av Rudolf Steiners oväntade död. Därmed förhindrades också upprättandet av tredje klassen som åter skulle genomföras rituellt, enligt vad han i slutet av den nittonde timmen hade tillkännagett. Den skulle alltså ha rört sig helt inom intuitionen.

Varför skulle ockult arbete vara tidsenligt? Hade inte det kravet övervunnits i och med Julmötet? Rudolf Steiner kommenterade detta på följande sätt: ”Men ockultismen är suverän och tränger

---

[53] Rudolf Steiner, GA 130

fullständigt in i människans väsen. Det är denna ockultism som gör att vi verkligen lär känna människans väsen. Ockultismen ligger nämligen till grund för all mänsklig kunskap. Den är det äldsta och har den längsta tidsåldern. Före teosofin [antroposofin] fanns ockultismen, efter teosofin [antroposofin] kommer ockultismen att finnas."[54] Ett sådant grundläggande uttalande kan inte vara osant bara några få år senare. Det visar hur angelägen Rudolf Steiner var om det ockulta arbete som man i dag knappt känner till.

Om Rudolf Steiners gamla Misraim-ritual finns i arkivet endast några få anteckningsböcker. De innehåller något om initieringen, hans befordran samt enstaka anteckningar och en samling lösa blad från Marie Steiner – delvis på papper med ett hotells logotyp – där väktarens ord skrivits ner som sedan skulle användas i ritualen. Men det finns tillräckligt mycket kvar för att man ska kunna se att denna gamla kult ännu var utformad enligt det teosofiska sättet: invigningen börjar med att man bortser från sinnesintrycken. Och kulten börjar i en situation som koncipierats av Misraim, där de två världskrafterna Lucifer och Ahriman efter döden vill komma åt människan.

Från 1910 utarbetade Rudolf Steiner antroposofin allt tydligare som en sorts sinneslära. framträdde sedan allt tydligare som ett

[54] Rudolf Steiner, GA 137, föredrag 12 juni 1912

slags förnuftig doktrin.[55] Kulmen är då utvecklingen av en andlig och själslig andning i en kunskapsprocess som genom varseblivning och tänkande ”tvingar sig upp” i en ”rytmisk takt” mellan dessa två verksamheter till den sanna andliga verkligheten i imagination, inspiration och intuition: **ljussjälsprocessen**. Med tanke på den symbolisk-kultiska avdelningen är det spännande att se att det handlar om att fullborda en process som uppstår genom *symboliseringen:*

Inandning sker genom ren sinnesvarseblivning utan föreställning. Här hjälper symboliseringen för att utan begrepp suga in den yttre världen. Med hjälp av symbolerna kan man kontemplativt tränga igenom de lägre sinnena och på så sätt uppleva växtkraften i sitt inre genom att nå fram till balanssinnet, rörelsesinnet och livssinnet. Dessa tre sinnesupplevelser utgör varseblivningsorganen för de tre mitt-bildningar som utvecklas i den här boken. Utandningen börjar med dem.

Utandningen – tankeverksamheten – sker i tre steg:

· Till att börja med skrider man meditativt vidare mot *imagination* med hjälp av ett tänkande som skolats av *Frihetens filosofi*. På grund av denna utbildning behöver man inte längre hålla

---

[55] Se Rudolf Steiner, GA 45

sig vid något yttre. Den fria rörelsen möjliggörs genom jag-portens första mitt-bildning där man håller sig upprest utifrån *jämviktssinnet.*

· Sedan följer det andra steget. Med hjälp av *rörelsesinnet* kan jag förstå metamorfoserna, övergångarna i väsendenas utvecklingsstadier. På så sätt kan den andra mitt-bildningen åstadkommas i periferin. Man hör det inre ordet, upplever *inspirationen* som inte längre har något synligt fäste.

· Med hjälp av *livssinnet* kan viljan bli en mottagare. Den orienterar sig vid andningens "rytmiska takt" mellan det individuella jaget och det kosmiska jaget. På så sätt fullbordas tänkandets utandning i en upplevande kunskap, en kunskap som *intuitivt* upplever i det väsen som ska uppfattas. Det finns inga gränser för den intuitionen. Jag kan förstå lika mycket av världen som min kärlek omfattar.[56]

Denna *ljussjälsprocess* motsvarar den tidsenliga kultens väg, så som den har visat sig för oss i den här boken.

I och med den inre väg som vi har vandrat och upplevt tillsammans hoppas jag att ha öppnat nya rum för dig.

Christiane Gerges

---

[56] Se Rudolf Steiner, GA 322, föredrag 3 oktober 1920